Photo: Name Goehere

Stay where the world can't find you.

Photo: Name Goehere

Cottages and small hotels in the wild Scottish Highlands

wildland.scot

TF Design
Modern Designs in Resin

tf.design

Loopy Vase

HOUSE OF
FINN JUHL

KINFOLK

MAGAZINE

—

EDITOR IN CHIEF	John Clifford Burns
EDITOR	Harriet Fitch Little
ART DIRECTOR	Christian Møller Andersen
DESIGN DIRECTOR	Alex Hunting
COPY EDITOR	Rachel Holzman
FACT CHECKER	Fedora Abu

STUDIO

—

ADVERTISING, SALES & DISTRIBUTION DIRECTOR	Edward Mannering
STUDIO & PROJECT MANAGER	Susanne Buch Petersen
DESIGNER & ART DIRECTOR	Staffan Sundström
DIGITAL MANAGER	Cecilie Jegsen

—

CROSSWORD	Mark Halpin
PUBLICATION DESIGN	Alex Hunting Studio
COVER PHOTOGRAPHS	Salva López

KINFOLK KOREAN EDITION

—

TRANSLATOR	Hyo-Jeong Kim
PUBLISHER	Sang-Young Lee
EDITOR-IN-CHIEF	Sang-Min Seo
EDITORS	Sang-Young Lee
PROOFREADER	Deok-Hee An
BUSINESS ASSISTANT	Jin-Sol Park

DESIGNEUM

—

24, Jahamun-ro 24-gil, Jongno-gu
Seoul 03042, Korea
Tel: 02 723 2556
Fax: 02 723 2557
blog.naver.com/designeum

CONTACT US

—

정기구독 관련 문의 및 질문이나 의견은
kinfolkeum@naver.com으로
보내주세요.

WORDS

—

Precious Adesina
Aida Alami
Allyssia Alleyne
Alex Anderson
Poppy Beale-Collins
Nana Biamah-Ofosu
Katie Calautti
James Clasper
Stephanie d'Arc Taylor
Michelle Del Rey
Daphnée Denis
Aindrea Emelife
Layli Foroudi
Bella Gladman
Harry Harris
Anissa Helou
Robert Ito
Sabina Llewellyn-Davies
Nathan Ma
Sarah Manavis
Lina Mounzer
Brian Ng
Okechukwu Nzelu
Hettie O'Brien
John Ovans
Debika Ray
Laura Rysman
Charles Shafaieh
Baya Simons
Sarah Souli
George Upton

STYLING, SET DESIGN, HAIR & MAKEUP

—

Anastasiia Babii
Juan Camilo Rodríguez
Gill Linton
Jean-Charles Perrier
Déborah Sadoun
Stephanie Stamatis

ARTWORK & PHOTOGRAPHY

—

Sébastien Baert
Lauren Bamford
Martina Bjorn
Luc Braquet
Yoann Cimier
Sadie Culberson
Bea De Giacomo
Marina Denisova
Daniel Farò
Justin French
Stephanie Gonot
François Halard
Christian Heikoop
Cecilie Jegsen
Nicola Kloosterman
Chris Kontos
Romain Laprade
Laurence Leenaert
Salva López
Karima Maruan
Andy Massaccesi
Rick McGinnis
Arch McLeish
Christian Møller Andersen
Tahmineh Monzavi
Ezra Patchett
Noé Sendas
Mirka Laura Severa
Laila Sieber
Jules Slutsky
Bachar Srour
Victor Stonem
Armin Tehrani
Emma Trim
Alex Wolfe

PUBLISHER

—

Chul-Joon Park

WELCOME
Beside the Seaside

바닷가 옆에서

지중해는 이미 많은 사람들이 점찍어둔 이상적인 여행지입니다. 단순한 바다라기보다 환상의 세계에 가까운 곳이지요.

하지만 5만 킬로미터에 가까운 해안선을 따라 22개국이 국경을 맞대고 있는 지중해에 그림엽서 속 풍경을 닮은 곳은 별로 없다는 것이 현실입니다.

이번 호『킨포크』에서 우리는 해변의 휴양지를 벗어나 이 바다를 둘러싼 좀 더 조용한 육지를 탐험합니다. 60페이지에 걸쳐 토스카와 튀니스, 아를, 아테네, 마요르카, 모로코를 둘러봅니다. 물론 이에 못지않게 매력적인 다른 목적지들도 있지요. 여름휴가가 한참이 지난 지금도 이 지역을 떠나지 않은 창조성, 온정, 친절에 흠뻑 취할 수 있습니다.

베이루트에서는 폭풍, 전쟁, 세 차례의 납치를 이겨낸 등대지기 빅토르 셰블리를 만납니다. 토스카나의 외딴 목장에서 작가 로라 리즈먼은 이탈리아에 마지막 남은 목동인 '부테리'를 취재합니다. 탕헤르에서는 아티스트 이토 바라다가 혼자 힘으로 리모델링한 이후로 이 도시 창작자들의 심장과 영혼으로 거듭난 예술영화관을 방문합니다. 우리의 특별 패션 화보에는 카탈루냐 해변의 나른한 하루를 생생하게 담았습니다. 당장 햇살 한 조각을 배부르게 먹고 싶은 사람들을 위해 셰프 아니사 헬루는 세 코스로 구성된 모로코 요리 레시피를 공유합니다.

이번 호를 만들면서 틀에 박힌 지중해의 이미지는 가급적 피했지만, 여기에 모인 아름다운 사진과 이야기만으로도 지중해의 삶에 대한 환상에 불을 붙이기에 충분할 것입니다. 또 우리에게는 우리가 글로 쓴 세계의 현실에 눈을 뜰 책임도 있겠지요. '지중해' 섹션에서 만나는 NGO 시워치의 활동가 올리비아 슈필리가 우리에게 이런 현실을 일깨워줍니다. 그녀는 안전한 삶을 찾아 목숨을 걸고 북아프리카에서 남유럽으로 바다를 건너는 사람들을 긴급 구조하는 활동을 펼치고 있습니다.

항로를 조금 벗어나 지중해 밖의 흥미로운 목적지를 찾아가기도 합니다. 북아일랜드에서는 가구 브랜드 〈오리오르〉를 운영하는 가족을 만나고, 도미니카공화국에서는 인테리어 디자이너 패트리시아 라이드 바케로의 집을 들여다봅니다. 베를린의 특별한 건축가 디베도 프랜시스 케레도 방문합니다. 무엇보다 지역, 직업, 관습에 얽매이는 법이 없는 전설적인 여인 미셸 라미의 인터뷰가 우리를 기다립니다.

WORDS
JOHN CLIFFORD BURNS
HARRIET FITCH LITTLE

marset
Taking care of light

CONTENTS

19 — 48

STARTERS
Laundry, spaghetti & virtual sundries.

빨래, 스파게티, 가상 세계의 이모저모.

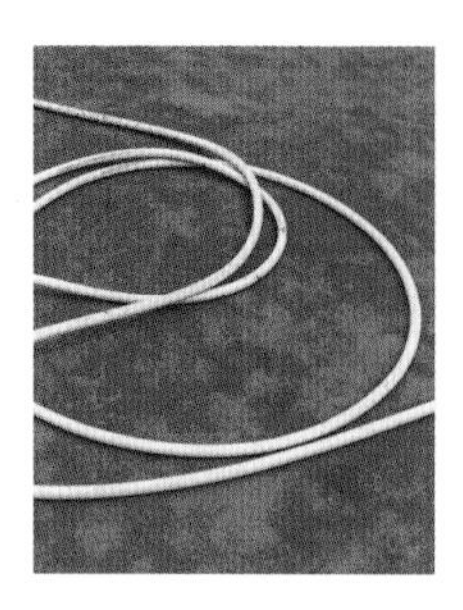

49 — 112

FEATURES
Paris to Berlin... via the Caribbean.

카리브 해를 거쳐⋯ 파리에서 베를린까지.

Photograph: Salva López

"지속가능성이라는 유행에 시간을 낭비하고 싶지는 않다." (디베도 프랜시스 케레 - P. 93)

"이 일은 오랜 세월 면면히 이어지고 있다… 이 생활 자체를 사랑해야 한다." (스테파노 파빈 - P. 119)

113 — 176

THE MEDITERRANEAN
The other side of the seaside.

해변의 이면.

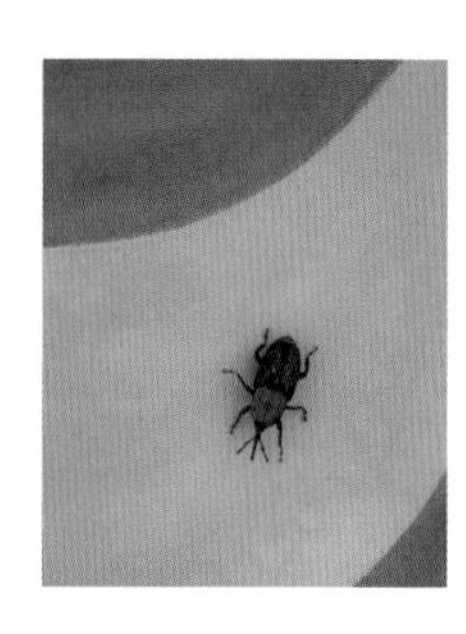

177 — 192

DIRECTORY
Creative stubs and a crossword.

창조의 끄트러기와 십자말풀이.

Photograph: Andy Massaccesi

19 — 48

차세대 파리, 이사벨 산도발, 파스타 디자인, 이모티콘 언어학, 스웨터의 저주, 존 바티스트

WE'LL ALWAYS HAVE PARIS
The clichéd capital of comparison.

파리는 언제나 우리 곁에
진부한 비교의 대상이 된 도시.

파리는 어느 지역에나 있는 것 같다. 상하이, 부쿠레슈티, 카불, 퐁디셰리는 '동방의 파리', 코펜하겐, 바르샤바, 리가는 '북쪽의 파리'다. 대서양을 건너가면 아바나('카리브해의 파리'), 디트로이트('중서부의 파리'), 캔자스시티('평원의 파리'), 몬트리올('신세계의 파리')에도 파리가 있다. 1943년에 윈스턴 처칠은 카사블랑카 정상회담이 끝나고 프랭클린 D. 루스벨트를 마라케시에 데려가기 위해 이 도시를 '사하라의 파리'라고 불렀다.[1]

카페, 진보적 가치, 가로수길, 아르데코 양식 아파트를 근거로 하는 비교는 아니다. 이런 요소들은 주로 식민 지배의 영향으로 도입된다. 사실 물리적 유사성은 논점이 아닐 때가 많다. 파리를 끌어다 붙이는 이유는 어떤 장소가 많은 사람들이 동경하고 방문하는 상징적인 도시임을 주장하기 위해서다. 서양에서는 별로 인지도가 없거나 검증되지 않은 도시를 친숙하고 황홀하며 관심을 가질 가치가 있는 곳으로 만드는 것이 목적인 셈이다.

이런 표현 방식의 기원은 알 수 없지만 서양의 매력적인 도시라는 파리의 이미지는 오래전부터 있었다. 17-18세기 상류층 남성들의 통과의례인 '유럽 그랜드 투어'에서 프랑스의 수도는 빠지는 법이 없었다. 산업화 이후 19세기에는 해외여행이 저렴하고 수월해지면서 파리는 감탄을 자아내는 웅장한 건물, 관광객, 자유로이 거닐 수 있는 대로, 우아한 상점이 즐비한 멋진 유럽 도시의 전형이 되었다.

1873년에 미국의 역사학자 존 스티븐스 캐벗 애벗은 1852-1870년에 걸친 나폴레옹 3세의 짧은 통치 기간을 이렇게 설명했다. "이 대도시는 누가 봐도 세계에서 가장 아름다운 도시로 자리매김했다. 영국인들은 파리의 훌륭한 명소들을 찾기 위해 대서양을 건너는 수천 명의 미국인 여행자들이 런던을 프랑스의 수도로 가는 징검돌로 취급한다며 불만이 이만저만이 아니다."

20세기를 거치면서 파리와 비교하는 표현법은 더 흔해졌다. 각종 신문 기사나 여행 안내서들은 덜 알려진 지역을 파리와 엮어 인지도를 끌어올리려 애썼다. 하지만 구호처럼 변한 상투적 표현인 'X의 파리'는 본질적으로 안이하고 비겁하다. 이런 유럽 중심적 시각에서는 기존 강대국의 인식과 서구 문화에 부합하는 것만이 가치가 있다.

무엇보다 이 표현은 시야가 좁고 세상을 잘 알지 못하던 시대의 낡은 유물로 보인다. 세계화와 대중매체가 문화를 동질화하면서 이제는 색다름이 더 큰 매력이 되었다.

사하라의 파리를 찾겠다고 마라케시로 여행 간 사람은 실망할 것이다. 하지만 처칠이 그랬듯 지극히 이국적인 풍광에 매료될지도 모른다. "사막에서 솟아난 야자수의 광활한 숲을 거니는 나그네는 한없는 햇살 속에서 편안함과 즐거움을 누리고, 충만함을 안겨주는 눈 덮인 아틀라스산맥의 장엄한 풍경 앞에서 명상에 빠진다." 1936년 『데일리 메일』 기사에서 처칠은 자신을 '사로잡은' 도시를 이렇게 찬미했다.

진부한 표현 너머를 상상할 수 없는 사람들 때문에 우리는 항상 파리를 끌어와야 하는지도 모른다.

WORDS
ALLYSSIA ALLEYNE
PHOTO
ARMIN TEHRANI /
VÆRNIS STUDIO

(1) 처칠은 모로코에 홀딱 빠져 그곳에 머무른 기간에 자그마치 40점의 그림을 그렸다. 1943년 카사블랑카 회담이 끝나고 그린 「쿠투비아 모스크의 탑」은 결국 안젤리나 졸리의 손에 들어갔다. 그녀는 2021년 3월에 그 작품을 경매에서 990만 달러에 팔았다.

ADOBE ACROBATS
Made for the moon, built in Iran.

점토의 마술사
이란에 등장한 달나라 보금자리.

WORDS
GEORGE UPTON
PHOTO
TAHMINEH MONZAVI

이란 호르무즈 섬의 인적 드문 서쪽 해안, 이 섬 특유의 붉은 모래밭에서 알록달록한 형체들이 솟아나기 시작했다. 테헤란에서 활동 중인 〈ZAV 아키텍츠〉의 주도로 건설된 돔형 별장, 레스토랑, 카페, 상점은 관광과 투자를 장려하여 현지인들에게 힘을 실어주기 위한 프로젝트의 일부다.

이 사업의 중심에는 미숙련 노동자가 현지의 자원을 활용하여 시공할 수 있는 획기적인 건축 기술인 '슈퍼어도비superadobe'가 있다. 작고한 이란 건축가 나데르 칼릴리가 1980년대에 개발한 슈퍼어도비는 달에 임시 거주지를 지을 수 있게 해달라는 NASA의 요구로 개발되었다. 칼릴리는 달 먼지를 채운 폴리프로필렌 자루를 차곡차곡 쌓아올려 벽과 둥그스름한 천장을 만드는 아이디어를 떠올렸다. 이후로 네팔부터 요르단의 난민촌에 이르는 온갖 지역에서 이 기술이 활용되고 있다. 달 먼지는 현지에서 조달 가능한 온갖 재료로 대체할 수 있다. 회반죽을 발라 방수 처리한 이 구조물은 지진과 허리케인에도 거뜬하다.

호르무즈에서 슈퍼어도비 프로젝트는 새로운 수입원을 창출했을 뿐 아니라 주민들에게 섬의 지속가능한 미래를 만드는 데 핵심적인 역할을 했다. 작은 화산섬 호르무즈는 전 세계 원유의 약 4분의 1이 통과하는 해협과 같은 이름을 지녔지만 역사적으로 소외되었고 경제적으로 궁핍했다. 호르무즈 부두에서 준설한 모래와 지역 주민의 노력으로, 이 사업은 공동체가 주도하는 건축의 놀랍고도 인상적인 본보기가 되었다.

ISABEL SANDOVAL

이사벨 산도발

WORDS
NATHAN MA
PHOTO
SADIE CULBERSON

On the limits of autobiography.

자전 영화의 한계에 대하여.

영화감독 이사벨 산도발은 작은 마을에서 어린 소년을 보살피는 트랜스 여성, 대공황 시기에 인종 간 결혼 금지법을 무시한 부부 등 주인공들이 나누는 사랑의 초상을 섬세하게 그린다. 알모도바르, 왕가위, 파스빈더, 베리만의 영향을 받은 산도발은 2019년에 직접 각본, 감독, 주연을 맡은 감각적이고 감동적인 장편 영화 「사랑의 언어Lingua Franca」로 이름을 알렸다. 그녀는 같은 해 베를린 영화제에서 받은 1만 유로의 상금으로 다음 영화 「트로피컬 고딕Tropical Gothic」을 제작했다. 최근에 뉴욕에서 노스캐롤라이나로 이사한 산도발은 좀 더 느려진 삶의 속도에 적응하는 중이다.

NATHAN MA: 당신은 영화에서 돌봄 노동을 비중 있게 다룬다. 그 이유는 무엇인가?

ISABEL SANDOVAL: 필리핀 출신 영화감독으로서 우리나라의 문화와도 관계가 있고 개인적으로 그런 인물들에 끌린다는 이유도 있다. 스스로 정신분석을 해보면, 가족의 한 사람으로서 다른 가족을 보살피고 돌보는 것은 내가 간절히 맡고 싶은 역할이다. 나는 한부모 가정에서 어머니 손에 외동으로 자랐다. 그래서 소속감과 공동체, 관심과 사랑을 주고받는 이들 사이의 끈끈한 관계를 갈망한다.

NM: 소수집단에 속하는 작가, 예술가, 영화감독의 작품을 사람들은 자전적 독백으로 읽는 경향이 있다. 이런 해석은 무엇을 놓치고 있다고 보는가?

IS: 내 작품은 지극히 개인적이지만 자전적이지는 않다. 이를 테면 「사랑의 언어」에서 주인공과 나는 둘 다 뉴욕에 사는 필리핀 출신 트랜스 여성이지만 공통점은 거기까지다. 그런 캐릭터가 내 창작물이라는 점에서는 지극히 개인적이다. 내 삶의 심리적, 정서적 진실을 이 인물들에 투영하기도 한다.

NM: 「사랑의 언어」를 보는 관객이 간과하지 않을까 걱정되는 진실이 있다면?

IS: 이 영화를 서류상으로 여성임을 인정받지 못하는 필리핀 트랜스 여성에 대한 이야기라고만 하면 너무 부족한 설명이다. 주인공 올리비아는 야망이 넘치고, 그녀가 지닌 다양한 교차적 정체성을 모두 합친 것 이상의 존재다. 나 역시 그런 사람이 되려고 노력 중이다. 이 영화를 감상하다 보면 관객들은 이 인물을 사랑을 찾는 트랜스 여성이나 법적으로 인정받기를 원하는 이민자 이상의 존재로 인정하고 이해하게 된다.

NM: 당신의 영화는 트럼프의 브루클린이든, 마르코스 치하의 필리핀이든 개인과 정치의 교차점을 배경으로 할 때가 있다. 당신은 그 교차점을 어떻게 탐색하나?

IS: 내 영화는 큰 전환점이 되는 역사적 사건을 배경으로 삼는 경향이 있다. 주인공의 입장에서 사건을 바라보기 때문에 객관적이지도 공정하지도 않다. 나의 두 번째 장편 「유령」은 계엄 시절의 삶을 3인칭에서 객관적으로 평가하는 입장이 아니다. 영화 중간에 발생한 충격적인 사건을 계기로 등장인물들이 겪게 되는 경험을 풀어나가는 이야기다. 스페인 식민 지배 초기인 16세기 필리핀을 배경으로 하는 다음 개봉작 「트로피컬 고딕」에서도 같은 접근 방식을 취한다. 나는 사실적인 심리 묘사에 관심이 많다. 나에게 예술 창작은 본질적으로 사람에 대한 공감을 표현하는 작업이기 때문이다.

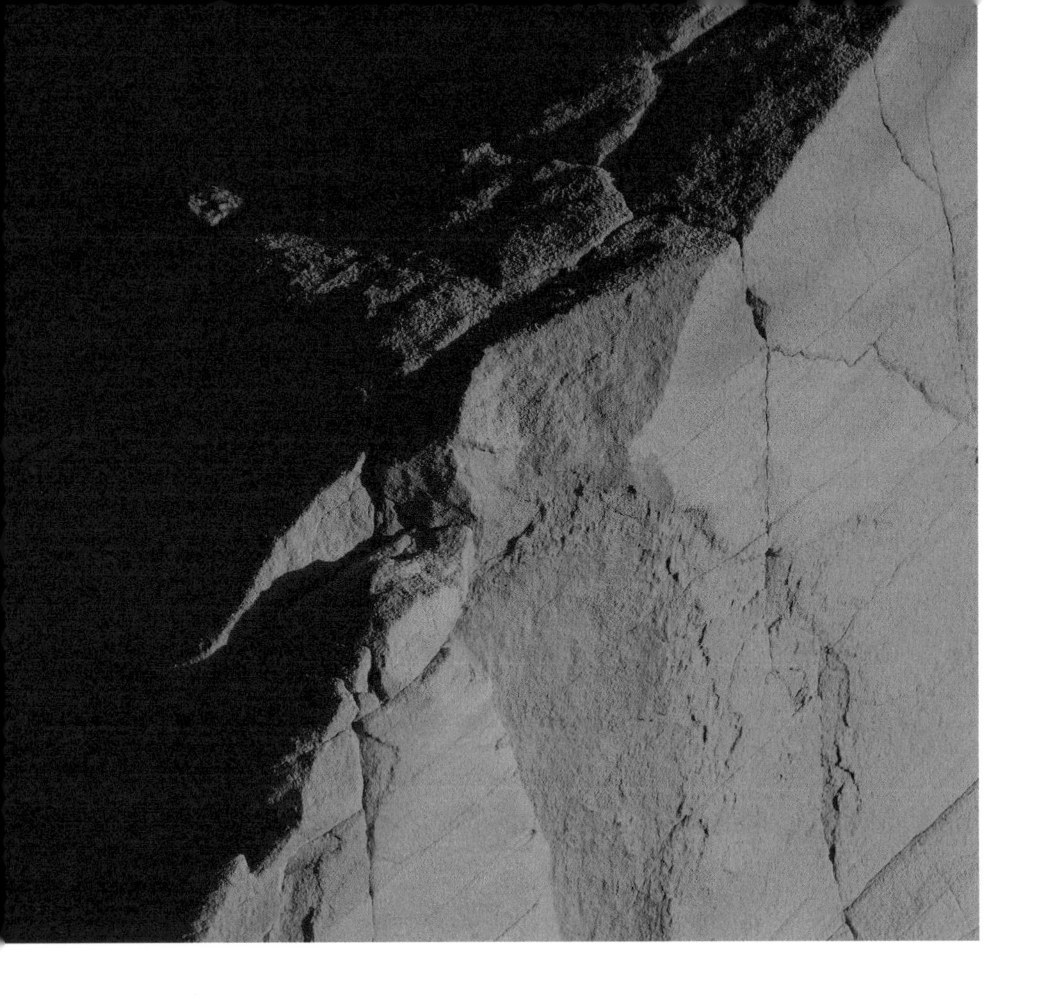

DIRTY WORK
A taxonomy of muck.

더러움
불결함의 분류학.

"어느 날 갑자기 마술처럼 남자들이 월경을 하고 여자들은 하지 않게 된다면 어떤 상황이 벌어질까?" 글로리아 스타이넘은 유명한 에세이 「남자가 월경을 한다면」의 서두에서 이런 질문을 던지며 남성들이 월경을 "선망과 존경의 대상이 될 남성적인 생리 현상"으로 추어올릴 세상을 상상했다. 가부장제 사회에서 '그날'은 숨겨야 할 민망한 현상이 아닌 자랑거리가 될 거라고 주장했다. 과학자들은 월경 중인 남성들을 보호하기 위해 심장마비보다 생리통의 원인을 더 많이 연구할 것이다. 많은 사회에서 불결하다고 더럽다고 여기던 대상이 대번에 우월의 증거가 될 것이다.

비록 허구지만, 스타이넘의 에세이를 읽은 독자들은 한 가지 단순한 진실을 깨달을 수 있다. 더러움, 그리고 실제로 불쾌하다고 인식되는 모든 것은 보는 사람의 관점에 달려 있다는 것이다. 영국의 인류학자 메리 더글러스의 이론대로, 어떤 집단에서는 사람들은 순결하다고 생각하는 것을 다른 집단은 부정하게 여길 수 있다. 그녀에 따르면 오물은 있어야 할 자리에 있지 않은 물질에 불과하다. 몸속의 혈액은 괜찮지만 다른 곳에서 피를 발견하면 비위가 상하게 마련이다. 깨끗한 발이라도 식탁에 올라와 있으면 눈살을 찌푸리게 된다. 손톱은 손에 붙어 있을 때는 별로 불쾌하지 않지만 마룻바닥에 떨어져 있으면 얘기가 완전히 달라진다.

더러움은 상대적인 것이라고 더글러스는 지적한다. 우리는 사회 질서를 깨뜨리는 것을 불결하다고 여기는데 그 기준은 사람마다 다르기 때문이다. 가정에서, 제자리에 놓여 있지 않은 물건은 더럽다고 인식된다. 그러나 좀 더 큰 사회에서는 더러움의 의미가 훨씬 넓어진다. 사회제도는 사람들이 청결하거나 오염되었다고 인식하는 대상을 기준으로 구축된다. 무엇이 깨끗한지를 정하는 데 사용되는 위생 지침은 사회 체계를 정립하고 인간 행동을 통제하는 수단이 된다. 종교에서든 사회에서든 음주 금지, 여성의 혼전 순결, 월경을 둘러싼 금기, 섭취가 금지된 음식 등은 사람들의 행동을 통제하는 수단이 될 수 있다. 두말할 필요도 없이 여성과 소외 집단은 지금껏 매우 불리한 입장이었다. 더글러스가 지적했듯이 실제로 청결의 개념 정의는 변화를 방해한다.

WORDS
DAPHNÉE DENIS
PHOTO
MARINA DENISOVA

A LOAD OF CRAP
The sanctity of cheap stuff.

잡동사니 한가득

싸구려 물건의 거룩함.

WORDS
KATIE CALAUTTI
PHOTO
ARCH MCLEISH

개인 공간을 오로지 장식의 기능만 지닌 값싼 장식품(또는 소품, 잡동사니, 예쁜 쓰레기)으로 채우는 습관은 지극히 미국적이다. "세월이 흐르면서 미국인은 개인으로서, 집단의 일원으로서, 사회 구성원으로서 물질주의 자체뿐 아니라 조잡한 물질까지 포용한 셈이다." 웬디 A. 월로슨은 「쓰레기: 미국의 싸구려 물건의 역사Crap: A History of Cheap Stuff in America」에서 이렇게 지적했다.

이 나라가 자랑하는 과잉의 문화는 1700년대 소비 혁명의 시기에 비롯되었다. 장인들이 수요가 많은 외국 상품의 복제품을 만들어 저렴하게 팔기 시작하면서부터였다. 인조 나무 마감재와 모조 보석은 호사를 누린다는 기분을 주었다. 머잖아 외판원들은 저소득층 사람들에게 싸구려 물건을 팔기 시작했다. 이런 쓸모없는 장식품은 모두 "미국인에게 더 나은 삶을 꿈꾸게 하는 매개체"가 되었다고 월로슨은 설명한다. 쉽게 버리고 또 살 수 있는 저렴한 물건은 소유의 장벽도 낮췄다. 사람들은 더 이상 값비싼 가보 몇 가지를 오랜 세월 애지중지 관리할 필요가 없어졌다.

19세기에 폭발적으로 늘어난 철도와 운하는 저가의 물건을 이 나라 방방곡곡으로 실어 날랐고 잡화점도 우후죽순으로 생겨나기 시작했다. 미국인들은 스스로를 소비자로 여기고 구매력을 과시하면서 자부심을 느꼈다. 1913년에 팝 모맨드가 그린 연재만화 「존스네 따라 하기Keeping Up with the Joneses」는 이런 사회경제 현상을 풍자했고, 그 제목은 물질주의에 빠진 사람들을 가리키는 관용구로 널리 쓰이게 되었다.

미국인은 또한 혁신과 효율을 가장 중시하는 사람들이 되었다. 투박하고 값나가는 연장을 값싼 도구가 보완하면서 옥수수 껍질을 까거나 빨래를 하는 시간이 절반으로 줄어들었을 뿐 아니라 고된 노동이 오락으로 바뀌었다. 〈QVC〉, 〈TV에서 본 것처럼As Seen On TV〉 같은 홈쇼핑 채널과 〈스카이몰SkyMall〉 카탈로그의 인기에서도 알 수 있듯이 쓸 만하고 구매 위험도가 낮은 상품에 대한 수요는 꾸준하다. 〈아마존〉은 가장 인기 있는 물건을 매시간 업데이트한다.

신기한 물건, 수집품, 기념품, 판촉물 등의 진가는 소유자의 눈에 달려 있다. "쓰레기의 정의는 개인적, 역사적 상황에 따라 크게 달라진다." 월로슨의 설명이다.[1] 물건의 가치가 어떻게 정해지든 싼 물건을 많이 소유하는 것은 미국인의 정체성에 중요한 요소가 되었다. 결국 그들이 어떤 사람들인가에 대한 의미 있는 단서를 주고 있는 것이다.

(1) 싸구려 물건은 종종 신체 배설물에 비유된다고 월로슨은 지적한다. "잡동사니는 여러모로 배설물과 비슷하다. 신속하게 처분할 수 있으며, 처리 후에는 행복하고 뿌듯하기까지 하다."

MIXED EMOJI

혼합 이모티콘

WORDS
OKECHUKWU NZELU
PHOTO
BEA DE GIACOMO

Is a picture worth a thousand words?

과연 그림 하나에 천 마디 말의 가치가 있을까?

이모티콘은 디지털 라이프의 일부가 되었다. 하지만 그것들을 언어학의 측면에서 생각하는 사람은 드물다. "의사소통 수단으로서의 이모티콘은 세계 공용어인 영어보다 훨씬 강력하다." 언어 전문가이자 디지털 통신 전문가 비비언 에반스 박사의 말이다. 2017년에 「이모지 코드Emoji Code」를 쓴 에반스는 가지eggplant와 '웃픈' 이모티콘에서 인간의 의사소통 방식에 대해 많은 것을 배울 수 있다고 주장한다.

OKECHUKWU NZELU: 이모티콘은 언어인가?

VYVYAN EVANS: 아니다. 언어는 양방향으로 의미 있는 기능을 한다. 우선 '단어와 세계'를 짝짓는다. 즉, 단어는 세상에 존재하는 구체적이거나(고양이 같은 물리적인 존재) 추상적인(이를 테면 페미니즘) 개념을 나타낸다. 둘째로 '단어와 단어' 적합성을 갖는다. 다시 말해 문법이라는 틀에 들어맞는다. 이모티콘은 단어와 세계를 잇는 기능을 일부만 수행한다. 즉 구체적인 의미만 나타낼 수 있다. 이모티콘으로 고양이를 표현하기는 쉽지만 페미니즘을 형상화하기에는 부족하다. 그리고 이모티콘은 단어 대 단어의 방향으로는 사용할 수 없다. 문법 체계에 들어갈 수 없기 때문이다. 그런 관점에서 보면 이모티콘은 언어에 해당하지 않는다. 그래서 나는 부호라고 부른다.

ON: 이모티콘 사용이 법정에서 논란이 된 적이 있다고 들었다. 그런 상황에서 언어학은 어떤 작용을 하나?

VE: 2015년에 『가디언』의 연락을 받았다. 뉴욕의 17세 소년이 소셜 미디어에 경찰관과 그를 겨누는 세 개의 권총 이모티콘을 올린 사건이 큰 뉴스거리가 되었기 때문이다. 뉴욕 경찰청은 이 일을 지방 검사에게 보고하고 체포영장을 발급 받았다. 17세 소년은 9.11 이후에 도입된 테러 금지 법령을 근거로 대배심원단 앞에 서게 되었다. 하지만 기소는 없었다. 이 일을 계기로 나는 이모티콘과 언어의 유사점과 차이점에 대해 생각하게 되었다. 배심원단은 피고에게 이모티콘의 상징적 기능을 통해 총이 경찰을 겨냥해야 한다는 뜻을 전달하려는 의도가 있었지만 이모티콘의 규정적 기능을 이용해 경찰을 향한 폭력을 선동하려는 의도는 아니었다고 현명하게 판단했다.

ON: 우리의 이모티콘 사용이 반영하는 다른 언어 원칙이 있다면?

VE: 미국 래퍼이자 가수인 리조의 예를 들어보겠다. 도널드 트럼프가 처음 탄핵소추 되었을 때 리조의 탄핵 트윗이 널리 퍼졌다. 그녀는 'IM', 복숭아 이모티콘, 'MENT'를 붙여 썼다. 이것은 언어학자들이 레부스 원리Rebus principle이라고 일컫는, 세계 최초의 표기법과 같은 방식이다. 추상적인 개념을 구체적인 기호로 표현하기 위해 추상적인 개념과 유사한 소리를 내는 구체적인 대상('복숭아')을 빌려오는 것이다. 리조는 본인이 5500년 전부터 사용된 표기법을 썼다는 사실을 몰랐겠지만, 이 사례를 보면 인간이 얼마나 창의적인지를 알 수 있다.

ON: 2015년에 「옥스퍼드 영어사전」은 웃픈 이모티콘을 올해의 단어로 선정했다. 여기에는 어떤 의미가 있을까?

VE: 일부 작가들은 이모티콘을 단어로 보는 건 말도 안 된다며 강력히 항의했다. 아직도 많은 사람들이 이모티콘을 사춘기 애들 장난으로 치부하지만 절대 그렇지 않다. 이모티콘을 사용하면 디지털 공간에서 의사소통을 더 원활히 할 수 있다. Match.com에서 실시한 설문 조사에 따르면 이모티콘을 자주 사용하는 사람들이 데이트도 더 많이 하는 경향이 있다. 섹스도 더 많이 즐겁게 한다고 한다. 반가운 소리지만 이모티콘과 섹스에 직접적인 관계가 있는 것은 아니다. 이모티콘을 사용하면 의사소통을 더 효과적으로 할 수 있어 온라인에서 공감을 나누기 쉬워진다. 이모티콘 같은 도구는 실제 데이트에서 사용하는 신체 언어와 비슷한 기능을 한다.

WASH OUT
The stubborn unsexiness of laundry.

세탁

빨래의 고질적인 따분함.

우리는 진정한 웰니스 시대를 살고 있다. 무엇을 먹는가, 어떻게 자는가는 물론, 옷을 어떻게 개는가까지 자기 관리를 실천할 기회로 선전할 수 있다. 브라질의 GDP에 맞먹는 약 1조 5천억 달러 규모의 웰니스 산업은 잘 사는 데 필요한 온갖 대상을 마케팅한다. 하지만 집안일에서 비중이 매우 큰 빨래는 아직도 허드렛일 취급을 받고 있다.

빨래는 어쩌다 웰니스 추세에 편승하지 못했을까? 아마도 너무 인기가 없어서일 것이다. 빨래는 각종 설문 조사에서 사람들이 가장 꺼리는 집안일에 꾸준히 이름을 올리고 있다. 아니면 웰니스의 열혈 추종자들이 밝은 색 옷과 짙은 색 옷을 분류하거나 축축한 빨래를 너는 지루하기 짝이 없는 작업을 자기 관리의 중요한 일부로 홍보하는 데 실패했기 때문인지도 모른다.

우리의 끊임없는 자기계발 노력에 끼워 넣기는 어려울지라도 이 단순한 노동이 주는 혜택이 없지는 않다. 양말짝을 맞추거나 셔츠를 다림질하는 순간은 빡빡한 일상을 잠시 멈추고 한숨 돌릴 여유를 준다. 그리고 세탁기가 덜덜거리는 소리를 들을 때마다, 몇 시간이나 땀을 뻘뻘 흘리며 빨랫감을 벅벅 문질러야 했던 과거에 비하면 지금이 얼마나 좋은 시절인지 되새길 수 있다.

WORDS
GEORGE UPTON
PHOTOS
JULES SLUTSKY
ROMAIN LAPRADE

소셜 미디어에서 갈수록 흔히 접하게 되는 언어 형식이 있다. 대체로 자기 얘기를 털어놓거나 다른 사람들의 반응을 이끌어내기 위해 진부한 질문 형태를 취한다. 월요일이 싫은 사람, 손? 오늘 하루 감사한 일은 무엇인가요? 지금 당신은 무엇에 빠져 있나요? 이런 문구는 '좋아요'와 댓글을 유도하기 때문에 청중의 존재를 가정하지만 목표 청중이 누구인지 명확하지는 않다. 특히 게시자가 파란 체크 표시가 붙은 공인이 아니라 친구 또는 지인인 경우 더욱 모호해진다.

이런 대화 스타일은 인플루언서들 사이에서 처음 나타났다. 그들의 '영향'은 프로필이 끌어들인 활발한 커뮤니티에서 비롯된다. 인플루언서는 가정용품, 목욕 제품, 유아복을 판매할 때도 광고 속 배우들보다 믿을 만하다(항상 신뢰해도 된다는 뜻은 아니지만). 평론가 존 버거는 1972년에 쓴 광고에 관한 에세이에서 이 역설을 이렇게 설명했다. 광고가 "머나먼 바다의 따뜻한 물에 몸을 담그는 즐거움"을 더 그럴듯하게 전달할수록 시청자는 "자신이 그 바다에서 수백 킬로미터 떨어진 곳에 있음을 절감하게 된다." 반면 인플루언서들은 자기와 같은 세계에 사는 실제 인물을 보여주어 이 거리를 압축한다.

지난 몇 년 사이에는 팔아먹을 것이 없는 사람들도 인플루언서식 표현을 따라 하기 시작했다. 부쩍 길어진 캡션이 그 증거다. 내가 인스타그램에서 팔로잉 중인 한 지인은 사진을 올리면서 심오한 진실이라도 드러내는 듯 낯 간지러운 문구를 붙이기 시작했다. 흐트러진 침대 앞에서 흐릿하게 찍은 셀카에는 이런 캡션이 적혀 있었다. "우리는 흔히 생산성의 관점에서 창조성을 규정하면서 자신을 무리하게 몰아붙인다." 이 게시물은 31개의 '좋아요'를 얻었다.

제품 홍보를 목적으로 탄생한 말투를 사람들이 무의식적으로 받아들였다는 사실이 신기하다. 물론 광고 속 배우처럼 말하는 사람은 아무도 없지만 인플루언서의 언어는 너무 뻔뻔하지 않고 조금은 진실해 보인다. 그럼에도 이런 문체의 비현실성이 드러날 때가 간혹 있다. 인스타그램이 지저분한 욕실 사진을 올리는 곳이 아니듯 개인적 문제를 털어놓는 문구도 전혀 호응을 얻지 못할 수 있다. 이를 테면, 누군가가 사진에 "안 괜찮아도 괜찮아"라는 문구를 붙인다면 형식의 어색함, 즉 실생활에서는 아무도 이렇게 말하는 사람이 없다는 현실에 더 주의가 쏠리게 된다.

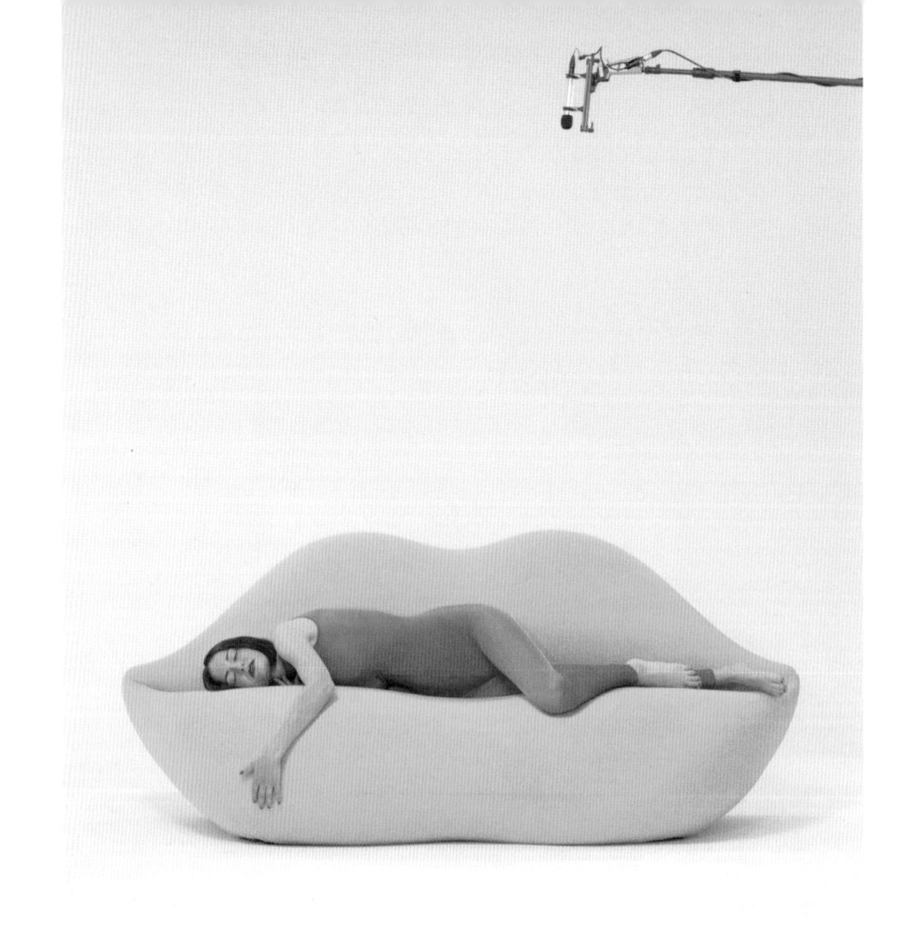

Photograph: BOCCA® BAROCCA – Performance for Gufram on the 50th anniversary of the BOCCA® sofa, with Elena Rivoltini, directed by Fabio Cherstich.

WORDS
HETTIE O'BRIEN

CAPTION CONTEST
On influencer speak.

문구 경쟁
인플루언서의 언어에 대하여.

CREATIVE BLOCK
An NFT primer.

창작물 한 토막
NFT를 소개합니다.

수백만 번 다운로드 되고 인터넷에서 누구나 쉽게 찾을 수 있는 고양이 짤방을 60만 달러에 구입한 사람은 대체 무슨 생각일까? 한 수집가가 르브론 제임스의 단 몇 초짜리 「슬램덩크」 동영상에 수천 달러를 냈다는 사실은 우리의 구매욕과 소유욕에 대해 무엇을 말해줄까?

NFT('대체 불가능 토큰non-fungible token'의 약자)는 암호화폐(비트코인, 이더리움, 도지코인 등)로 구매한 독특한 디지털 자산을 가리킨다. 밈처럼 누구나 접근할 수 있으며 누구에게 팔린다고 해서 유통과 사용이 중단되지 않는 이미지도 있다. 트위터의 설립자 잭 도시가 2006년에 맨 처음으로 올린 트윗("내 트위터 설정 중")은 현재 가치가 250만 달러(1630.6 이더리움)에 이른다. 그가 제작, 판매한 트윗의 토큰 버전을 구매한 사람은 디지털 소유권을 얻는다.

그런 자산에 무슨 쓸모가 있을까? 최근까지 NFT는 자체 생태계 안에서 존재했다. 2017년에 AI가 만든 1만 개의 픽셀 아트 초상화를 모은 작품 프립토펑크Cryptopunks 프로젝트처럼 'NFT의 대 히트작'도 있다. 지난 12개월 사이 미술계, 주류 미디어로 파고든 NFT는 어디서나 화젯거리가 되고 있다. 세계적인 경매 회사 〈크리스티즈〉도 한몫 차지하기 위해 이 시장에 뛰어들었다. 3월에 그들은 최초의 순수 디지털 미술작품 「매일: 첫 5000일Everydays: First 5000 Days」을 6900만 달러에 판매했다. 디지털 아티스트 비플이 제작한 이 jpeg 파일에 매겨진 가격은 지금까지 나온 NFT 가운데 최고가였다. 이 사건은 새로운 예술 세계의 미래를 훤히 밝혔다.

예술가들에게 NFT는 당연히 흥미진진한 관심의 대상이다. 현대 예술가들에게는 완전히 새로운 시장, 매체, 소비자층을 대상으로 자신을 표현할 기회가 좀처럼 없기 때문이다. 그 인기는 거래의 반대편 당사자인 소비자에 대해 무엇을 말해줄까?[1] 누구나 쉽게 접근할 수 있고 이용할 수 있는 대상을 손에 넣으려는 욕망은 소유에 대한 우리의 집착을 은유하는 것일까?

이런 무형 자산을 구입하는 이유는 무엇일까? 인터넷은 일종의 집이므로 그 자산을 일부 소유하고 싶어 하는 사람들의 욕구는 충분히 납득할 수 있다. NFT를 고급 예술과 비교할 수 있을지를 따지는 것은 별 의미가 없을 것이다. NFT가 급속히 수용되어 호황을 누리는 현상은 궁극적으로 시장이 미술계를 지배하는 방식을 확실히 보여준다.

(1) 터무니없는 금융 버블의 역사는 짧지 않다. 1637년 네덜란드에서는 희귀한 튤립 구근에 대한 투기 광풍이 불어 불과 몇 개월 사이 가격이 급격히 치솟았다가 처절하게 폭락했다.

WORDS
AINDREA EMELIFE
PHOTO
SÉBASTIEN BAERT

NIKOLAJ HANSSON

니콜라이 한손

WORDS
JAMES CLASPER
PHOTO
CECILIE JEGSEN

An introduction to courtside cool.

코트의 멋쟁이가 되는 법.

"테니스는 그만뒀다가도 다시 시작하는 스포츠다." 올해 초 코펜하겐에서 〈팔메스〉를 설립한 니콜라이 한손은 이렇게 말한다. 테니스 문화에서 탄생한 남성복 브랜드 〈팔메스〉는 다목적 스포츠 의류에 대한 한손의 관심에서 탄생했다. "내가 테니스복을 좋아하는 이유는 코트에서 입는 폴로셔츠를 일할 때도 입을 수 있기 때문이다."

JAMES CLASPER: 당신은 항상 테니스에 빠져 있었나?

NIKOLAJ HANSSON: 그렇지는 않다. 어린 시절에는 방학 때 한두 번씩 테니스를 쳤을 뿐이다. 나한테 맞는 운동이라는 생각은 전혀 들지 않았다. 지금도 마찬가지지만 당시에 나는 테니스가 상류층 사람들이 하는 운동이라는 선입견이 있었다. 테니스 하면 사람들은 윔블던을 떠올린다. 흰 옷과 엘리트를 연상한다. 내 머릿속에도 그런 인식이 어느 정도 있었던 것 같다.

JC: 〈팔메스〉는 어떻게 탄생했나?

NH: 1년 전에 테니스를 다시 시작했는데 테니스의 세계에는 내게 익숙하거나, 내가 어떤 사람인지, 무엇을 좋아하는지 드러낼 수 있는 제품이 전혀 없었다. 테니스에서 퍼포먼스를 강조하는 브랜드들은 기능성에만 관심이 있고, 역사가 깊은 브랜드는 복고적이고 상류층을 대상으로 하며 테니스의 유산을 더욱 중시한다. 현대적인 감각이 가미된 브랜드는 찾아볼 수 없었다. 나처럼 건축, 디자인, 패션, 예술에 관심이 있는 사람들을 위해 뭔가를 만들어야겠다고 느꼈다.

JC: 테니스의 어떤 점이 마음에 드나?

NH: 테니스는 코트에서 어떻게 하는지로 모든 것이 결정된다. 그리고 정신력의 싸움이다. 집중하지 않으면 평소에 훈련을 아무리 열심히 해도 경기에서 진다. 또 테니스는 나름의 독특한 문화를 형성했다. 다른 여러 가지 스포츠와 비교할 때 테니스는 다채로운 문화와 역사를 지녔다. 〈팔메스〉라는 브랜드를 통해 내가 테니스에서 받은 인상을 좀 더 많은 사람들에게 전하고 이 스포츠에 대한 인식을 높이고 싶다. 테니스가 누구나 즐길 수 있는 운동이라는 사실을 알리는 것이 매우 중요하다고 본다. 단 한 사람이라도 나만큼 테니스와 사랑에 빠진다면 더 바랄 게 없겠다.

JC: 그런 정신이 반영된 제품 하나를 꼽는다면?

NH: 스포츠 재킷은 몸에 너무 딱 맞아서 부담스럽다고 생각하는 사람이 많다. 하지만 우리의 모직 스포츠 재킷은 여유로운 핏이라 경기장 밖에서는 후드티를 받쳐 입을 수 있다. 안쪽 라벨에는 내 친구의 그림이 그려져 있어 좀 더 현대적인 느낌을 준다.

JC: 당신의 디자인 방식은 어떠한가?

NH: 유행과 상관없는 디자인을 추구하는 것은 아니다. 시대를 초월한 디자인은 너무 무난할 수 있기 때문이다. 하지만 내구성과 품질은 중요하게 생각한다. 모든 의류는 최소 4-6계절은 입을 수 있게 디자인했다. 섬세하고 절제된 디테일로 날마다 부담 없이 걸칠 수 있고 6개월 후에도 싫증나지 않는 디자인을 추구한다.

JC: 마지막으로 브랜드명에는 어떤 의미가 담겨 있나?

NH: 손바닥으로 공을 치는 프랑스의 구기 운동 주드폼jeu de paume에서 따왔다. 사람들이 브랜드의 유래가 무엇인지 단번에 알아채는 것은 원하지 않았다. "아, 이건 스칸디나비아 브랜드군" 하는 식으로 쉽게 틀에 갇힐 수 있기 때문이다. 〈팔메스〉라는 상표에는 출처보다 테니스가 주는 느낌을 담고 싶었다.

ZONING PLAN

A route out of post-pandemic languishing.

경지에 이르러

포스트 팬데믹의 피로감을 벗어나는 길.

2021년 4월, 심리학자 애덤 그랜트는 코로나19 대유행에 얽힌 의문을 제기했다. 위기가 1년 넘게 이어졌지만 이제 터널의 끝에 빛이 보이고 있었다. 끔찍한 절정기인 겨울철이 지나고 백신이 속속 나오면서 조만간 가족을 만나고 사랑하는 사람들과 포옹하고 여행을 떠날 수 있을지도 모른다는 희망이 생겼다. 그러자 그랜트는 이런 의문이 들었다. 그동안 모든 사람의 기분이 그렇게 우울했을까?

널리 공유된 『뉴욕 타임스』 기사에서 그랜트는 자신이 느낀 침체와 공허를 피로감이라 부른다. 그는 그것을 "관심을 받지 못한 정신 건강의 둘째아이"라고 설명한다. 우리는 우울하지 않다. 여전히 아침에 침대에서 일어나 집안일을 척척 해내고, 일터로 향할 수 있다. 그렇다고 아주 잘 지내고 있는 것도 아니다. 심리학자들이 정신적, 육체적 안녕이라 부르는 상태가 아니라는 뜻이다. 대부분의 사람들에게 피로는 열정이 없거나 생산성이 떨어지는 상태를 의미하지만, 심각한 정신 질환의 위험 요소로 인식되기도 한다.

아침에 침대를 나오기가 힘들거나 목적의식이 없어졌다면 그랜트는 '몰입'에서 답을 찾을 수 있다고 말한다.

몰입이란 시간 가는 줄 모르고 어떤 것에 완전히 몰두한 상태를 말한다. 1975년에 미하이 칙센트미하이가 만든 이 용어는 오래전부터 인생에서 즐거움과 성취감을 얻는 방법으로 알려졌다. 캘리포니아 대학교 리버사이드 캠퍼스의 심리학 교수 케이트 스위니는 봉쇄 기간에 일어난 빵 만들기와 텃밭 가꾸기의 대유행이 몰입을 추구하려는 본능의 결과라고 주장한다.

비디오게임이나 설거지, 독서, 스웨터 보풀 떼기에서도 몰입을 경험할 수 있다. 궁극적으로 생산적이고 쓸모 있는 활동인지 아닌지는 중요하지 않다. 작업에 몰두해 있는 한, 행동이나 생각은 의식하지 않아도 흘러간다. 이것이 바로 칙센트미하이가 재즈 연주에 비유하는 과정이다.

이렇게 최종 결과보다 과정을 강조하는 입장은 우리가 일하는 방식에도 영향을 미친다. 연구에 따르면 여러 작업 사이를 왔다 갔다 하는 쪽보다 한 가지 작업에 집중할 때 일도 더 잘 되고 만족감도 더 크다. 그리고 원대한 야망을 이루고 있는지로 자신의 인생을 평가하기보다 나날의 성취와 일에서 찾는 몰입에 가치를 둔다면 자신감을 키우고 의욕을 높이는 데 훨씬 도움이 된다.

몰입 상태에 도달한다고 갑자기 인생이 환해진다는 뜻은 아니다. 하지만 피로감을 느끼든 아니든, 몰입을 추구한다면 팬데믹 이후의 권태감을 쉽게 벗어날 수 있을 뿐만 아니라 좀 더 창의적이고 생산적이며 의미 있는 삶의 열쇠를 손에 쥐게 될 것이다.

Speedmaster Moonwatch by OMEGA

WORDS
GEORGE UPTON
PHOTO
CHRISTIAN MØLLER ANDERSEN

HOLY MACARONI
The architects searching for perfect pasta.

홀리 마카로니
완벽한 파스타를 찾는 건축가들.

WORDS
ALEX ANDERSON
PHOTO
ROMAIN LAPRADE

20세기 초, 이탈리아의 미래파 예술가와 건축가들은 "이탈리아인에게 더 이상 스파게티는 없다"고 선언했다. 파스타 만들기에는 속도와 과학적 정확성이 필요했기에 미래파 요리는 밀가루를 반죽해 각 지역의 소스에 완벽히 어울리는 전통적 형태로 빚는 느리고 뻔한 과정을 용인할 수 없었다. 또한 '작은 혀'(링귀니linguini), '관절'(뇨키gnocchi), '작은 귀'(오레키에테orecchiette)처럼 파스타의 모양을 반영한 촌스러운 속칭들도 참아주기 어려웠다. 1932년에 출판된 「미래파 요리책The Futurist Cookbook」에는 달에서 아이스크림을 만드는 법은 실려 있어도 면 요리는 일절 없었다.

그렇다 보니 충실한 미래파라면 누구나 최근의 추세에 경악할 성싶다. 20세기 후반에 예술가, 디자이너, 건축가 들은 파스타를 매혹적인 디자인 오브제로 여기기 시작했다. 1983년 세계 최대 파스타 생산업체 〈바릴라Barilla〉는 산업디자이너 조르제토 주지아로를 영입해 새로운 모양의 파스타를 고안했다. 주지아로는 바다를 연상시키는 우아한 곡선과 가리비 같은 요철을 지닌 '마릴레marille'를 세상에 선보였다. 다들 그것을 두고 식감으로나 상품으로나 '완전한 실패'라고 입을 모았다. 이듬해 경쟁 업체 〈판자니Panzani〉는 디자이너 필립 스탁에게 같은 작업을 의뢰했다. 그는 날개가 달린 정교한 펜네를 만들었다. "미국인과 프랑스인은 파스타를 푹 삶는 경향이 있다. 날개를 달면 두 배로 두꺼워지므로 너무 익혀도 파스타의 80퍼센트는 '알덴테al dente' 상태가 된다." 그는 이렇게 설명했다. 하지만 스탁의 파스타도 실패했다.

당연히 디자이너들은 형태의 개념을 그토록 아름답게 구현하는 식품의 유혹에 저항하기 어렵다. 건축가 조지 르장드르는 저서 「디자인별 파스타Pasta by Design」에서 전통적인 파스타 형태를 수학적으로 분석해 파스타가 지닌 풍부하고도 섬세한 가능성을 증명했다. 비슷한 유형별로 정리된 300종 이상의 전통 파스타 목록에는 카펠리니, 콜로네 폼페이, 질리 등의 우아한 직선, 나선, 사선이 담겨 있다.

이런 가변성은 디자이너들에게 창작 욕구를 불러일으킨다. 그래서 얼마 전, 디자이너 하라 겐야는 여덟 곳의 일본 건축 회사가 고안한 새로운 형태의 파스타를 전시하는 특이한 행사를 개최했다. 실제보다 20배 확대된 크기로 전시된 각각의 형태는 세몰리나, 달걀노른자, 기름, 소금의 단순함을 초월하고자 한다. 〈오헤 타다스〉의 '파도-물결-순환-파도타기'는 버터 속을 헤엄치는 연어, 홍합, 가리비와 어울릴 올록볼록한 원반형의 파스타다. 〈아틀리에 조〉의 '마케로니'를 만들기 위해서는 양쪽 엄지와 검지로 반죽을 원통형으로 조금 떼어내어 비틀어야 한다. 익힌 다음 간단한 마리나라 소스를 뿌려 먹는다.

디자이너들이 새로운 형태의 파스타를 만들겠다는 엉뚱한 노력을 기울인다 해도 링귀니, 파르팔레, 뇨키의 모양이 바뀔 것 같지는 않다. 그렇다 해도 시도조차 하지 말아야 될 이유는 없지 않을까?[1] 미래파의 터무니없는 파스타 금지령이 어떤 디자이너가 누구나 먹고 싶어 할 새로운 파스타를 만들어낼 가능성까지 차단해서는 안 된다.

(1) 2021년 4월, 팟캐스트 '스포크풀The Sporkful'의 진행자 댄 패시먼은 파스타 회사 〈스포글리니〉와 손잡고 카스카텔리cascatelli(이탈리아어로 '폭포'를 의미)라는 새로운 모양의 파스타를 출시했다. 그는 3년이나 걸려 "소스가 잘 묻고, 포크로 찍기 쉽고, 씹어 먹기 쉬운" 형태를 고안했다.

모르는 사람의 집을 들여다보면 왠지 금기를 어기는 듯한 짜릿함을 느낀다. 아무도 몰래 다른 사람들은 어떻게 사는지 관찰할 수 있는 드문 기회이기 때문이다. 관음증을 연상시키기도 하지만, 사적인 공간 속 타인의 모습에서 분명 어떤 깨달음을 얻을 수 있다. 대도시에서 특히 필요한, 낯선 사람들과의 교감을 느끼기도 한다.

앨프레드 히치콕의 1954년작 스릴러 「이창 Rear Window」에서 이러한 강요된 친밀감은 도시 속 좁은 공간에 대한 관음증과 이웃 간의 도덕적 책임(또는 책임의 결여)을 은유한다. 다리를 다친 다큐멘터리 사진작가 제프는 다시 일을 할 수 있을 때까지 맨해튼 아파트 창문으로 이웃들을 훔쳐보며 시간을 보낸다. 같은 곡을 강박적으로 반복 연주하는 작곡가, 아파트 안에서 걷는다기보다 춤을 추듯 이동하는 발레 댄서, 상상 속 손님과 만찬을 즐기는 외로운 여자를 관찰한다. 결국 그가 한 이웃이 아내를 살해했을지도 모를 정황을 목격하면서 '남의 사생활에 간섭하지 않는다'라는 불문율은 한계에 이른다. "내가 저 창을 통해 똑똑히 봤다니까요." 제프는 찾아온 사람들에게 자신의 추리를 납득시키기 위해 이렇게 주장한다. 그는 타인의 집에 쳐들어가는 용서할 수 없는 행위를 허용하는 서류인 수색영장을 발급받기 위해 필요한 증거를 꿰맞춘다.

창문을 들여다보는 행위는 도덕적으로 미심쩍은 행동에 대한 문화적 비유다. 하지만 은밀함이라는 요소가 제거되면 어떻게 될까? 네덜란드에서는 남의 집 창문을 들여다보는 습관이 문화에 뿌리내려 있다. 16세기에 개신교 개혁가 장 칼뱅의 등장으로 시작된 칼뱅주의 종교 공동체는 시민이 하느님과 이웃에게 숨겨야 할 비밀을 가져서는 안 된다고 가르쳤고, 커튼을 불온한 물건으로 취급했다. 운하를 따라 늘어선 암스테르담의 주택가에는 오늘날에도 커튼이 거의 보이지 않는다. 밤에 운하를 따라 산책하는 사람들에게 남의 집 창문을 들여다보는 행위는 일종의 오락거리나 다름없다.

현대사회에서는 서로를 '훔쳐보는' 기발한 방법이 수없이 등장하면서, 타인의 삶을 들여다보는 통로라는 창문의 기능은 예전만 못 하다. 하지만 미지의 주방이나 거실을 엿보는 것만큼 불온한 쾌감을 주는 것은 드물다. 살인 사건을 해결할 단서를 찾기보다 기껏해야 참고할 만한 인테리어 아이디어를 얻는 게 전부라 해도 말이다.

INSIDE OUT
The opaque allure of window watching.

밖에서 안으로
남의 집 창문을 들여다보고 싶은 묘한 욕망.

WORDS
BAYA SIMONS
PHOTO
SALVA LÓPEZ

책 추천사는 출판 업계의 과대 광고에 불을 지피는 연료다. 추천사를 쓰는 일부 이름난 작가들이 자신이 추천하는 소설을 읽지도 않는 이유도 납득할 만하다. 몇 년 전 『가디언』에서 소설가 네이선 파일러는 '코스타 올해의 책' 상을 수상한 후 추천사를 써달라는 요청을 42건이나 받았다고 밝혔다. 각각의 요청에는 출판사에서 작성한 민망한 홍보 문구도 따라왔다. 자신들이 쓴 찬양문을 작가가 토씨 하나 틀리지 않게 가져다 써주기를 바라는 모양이었다.

마케팅 팀에서 나온 문구든, 시간에 쪼들리는 작가가 쓴 문구든 간에, 추천문은 호들갑스럽고 알아먹을 수도 없는 표현이 난무한다. 「앤젤라의 재Angela's Ashes」를 쓴 프랭크 매코트는 자신이 추천한 세 권의 책 모두 당신을 "기뻐서 어쩔 줄 모르게" 만들 거라 믿는 듯하다. 네 편의 소설을 쓴 니콜 크라우스는 데이비드 그로스먼의 「땅의 끝으로To End of the Land」가 독자를 "해체하고 분리하여 본질이 있는 곳을 어루만진다"고 썼다. 편집자와 상관없이 작가들도 서로의 작품을 더 참신하고 기상천외한 표현으로 묘사하려고 경쟁이라도 벌이는 것 같다.

논란의 미국 학자 카밀 팔리아가 1991년에 남긴 도서 추천사의 관행에 대한 글에는 선견지명이 담겨 있다. "참으로 소름이 끼친다. 당신의 책이 친구들에게 전달되면 그들은 당신의 등을 긁어주고 당신은 그들의 등을 긁어준다. 내가 치명적이라고 생각하는 이 직업의 안일함은 여기서도 드러난다."

물론 은밀하고 무의미한 단어를 습관적으로 만들어내는 사람들이 비단 작가들만은 아니다. 내부자가 아닌 사람들에게는 거의 의미가 없는 암호는 어느 분야에나 있다. 인사('셀프 스타터', '변화의 주역'), 기술('생태계', '관념화') 용어 중에도 흔하다. 결국 암호는 동족 집단을 형성하고 거기에 속한 사람과 속하지 않은 사람을 구분하는 문지기 노릇을 할 뿐이다. 집단 연대야 나쁠 것 없지만 그것이 효과적인 의사소통을 희생시킨다면 꼭 그렇지도 않다. 책 추천사는 결국 외부를 향하고, 특정 집단보다는 일반 독자에게 전달하는 것이 목적이기 때문에 출판물이 이렇게 업계 전문 용어를 고집하는 것은 이해하기 어렵다. 1936년으로 거슬러 올라가면, 조지 오웰은 독자들이 소설을 만날 때 '기쁨의 비명'이 안 나올지도 모른다는 두려움 때문에 책 읽기를 망설이게 될 수도 있다고 경고했다.

WORDS
DEBIKA RAY
PHOTO
NOÉ SENDAS

Artwork: *Charlotte Suite (I)*, 2015

COVER STORY
Inside the book blurb racket.

커버스토리
책 추천사에 얽힌 뒷거래.

THE GENE GENIE
유전자의 마법사

WORDS
BELLA GLADMAN
COLLAGE
NICOLA KLOOSTERMAN

In conversation with a de-extinction biologist.
멸종생물 복원 생물학자와의 대화.

어릴 때는 누구나 공룡에 푹 빠지지만 과학자 벤 노박과 같은 길을 걷는 이는 드물다. 도도새를 되살리는 프로젝트로 청소년 과학 경시대회에서 우승한 적이 있는 노박은 현재 멸종위기에 처했거나 이미 멸종한 종을 유전적으로 되살리는 일을 하는 비영리 단체 〈부활과 복원Revive & Restore〉에서 프로그램 개발을 주도하고 있다. 노스다코타주 서부에서 성장하면서 시어도어 루즈벨트 국립공원으로 재도입reintroduce된 들소, 큰뿔야생양, 엘크를 지켜본 노박은 현재 1914년에 남획으로 멸종한 북아메리카 고유종 비둘기를 유전공학으로 부활시키는 프로젝트를 진행 중이다.

BELLA GLADMAN: 멸종생물 복원에 대해 설명을 부탁드린다.

BEN NOVAK: 멸종생물 복원은 수세기 전부터 진행 중이다. 여러 지역에서 인간은 이미 사라진 종을 다시 들여오기 위해 노력 중이다. 예를 들어 영국에서는 비버가, 스페인에서는 유럽들소가 그 대상이다. 새는 포유류와 같은 방법으로 복제할 수 없기 때문에 나그네비둘기 프로젝트에서는 먼저 복제 방법부터 찾아야 한다. 설사 우리가 나그네비둘기를 되살리지 못하더라도 그 연구 과정에서 얻는 성과는 다른 중요한 기여를 할 수 있다.

BG: 〈부활과 복원〉에서는 어떤 일을 하나?

BN: 야생동물 보전을 위해 게놈 생명공학 기술을 혁신하고 육성한다. 현존하는 멸종위기종을 더 깊이 이해하기 위해 유전체 염기서열 분석도 한다. 예를 들어 투구게의 피는 백신 테스트에 이용된다. 당신이 백신을 맞은 적이 있다면 투구게에게 빚진 셈이다. 유전체 염기서열 분석으로 우리는 그 혈액의 유용한 특성을 재현할 수 있으므로 더 이상 투구게를 잡아다가 착취할 필요가 없어졌다. 또 우리는 인공수정 같은 고급 생식 기술로 검은발족제비처럼 개체수가 급감하는 종의 유전적 다양성을 높이고 질병과 근친교배에 대한 저항성을 높인다.

BG: 유전자 편집에 대해서는 평가가 엇갈린다.

BN: 미국밤나무에 이미 사용된 기술이다. 과거에는 풍부했지만 1800년대 후반에 수입된 중국 말밤나무가 곰팡이병을 옮겨 이 나무는 한때 전멸할 뻔했다. 뉴욕환경과학임업 주립대학교의 윌리엄 파월 연구팀이 다른 나무에서 찾은 면역 유전자를 미국밤나무에 주입해 질병에 강한 식물을 만들었다. 지역사회는 이를 환영했다. 노스캐롤라이나에 거주하는 원주민 부족인 체로키 인디언 동부 연맹은 2021년에 유전자 조작으로 만든 이 나무를 그들의 땅에 심는다는 협정에 서명했다. 덕분에 그들은 백 년간 사라졌던 고유 문화를 되찾고 있다. 종을 되살리는 데 너무 늦은 때란 없다.

BG: 「쥬라기 공원」과는 얼마나 비슷한가?

BN: 「쥬라기 공원」은 재미있는 영화지만 우리가 하려는 일과는 많이 다르다. 첫째, 공룡은 더 이상 이 세상에 없다. 대신 우리는 나그네비둘기처럼 인간의 탐욕으로 죽임을 당한 생명체를 되살리려 노력하고 있다. 둘째, 우리는 동물들을 눈요깃감으로 공원에 가둬둘 생각이 없다. 우리의 궁극적인 목표는 이 동물들을 되살려 스스로의 힘으로 살아가게 하는 것이다.

IT'S KNOT YOU
The curious history of the sweater curse.

관계의 매듭
스웨터의 저주에 얽힌 기이한 역사.

거울을 깨는 것, 소금을 쏟는 것, 사다리 밑으로 걷는 것 등은 불운을 가져온다는 미신이 있다. 뜨개질의 세계에서는 '스웨터 저주'가 있다. '사랑의 스웨터의 저주' 또는 '남자 친구 스웨터의 저주'라고도 알려진 이 미신의 내용은 이렇다. 누군가 연인을 위해 스웨터를 짜면 그 관계는 곧 깨진다. 열렬한 뜨개질 애호가들에게 이것은 단순한 미신이 아니라 친구들과 온라인 커뮤니티의 사연들에서 확인된 하나의 현상이다.[1]

사랑에 헌신한다는 의미로 애인의 스웨터를 짜는 것은 오래 이어져온 전통이다. 2007년에 출간된 데비 스트롤러의 책「선 오브 스티칭 비치Son of Stitch'n Bitch」에는 이런 말이 나온다. "19세기 네덜란드에는 결혼식 날짜가 정해진 날부터 신부가 약혼자를 위해 스웨터를 뜨기 시작하는 풍습이 있었다." 이 책은 당시 영국에도 유사한 풍습이 있었음을 언급한다. "어부의 신붓감은 약혼하자마자 특별한 스웨터를 뜨기 시작했다. 그 전에 시작해서는 안 된다." 그러나 결혼 전에 연인에게 스웨터를 떠 주면 관계가 결국 파탄난다는 믿음은 좀 더 최근에 생겼다. 지난 10년 동안 인터넷 커뮤니티에는 뜨개질을 했다가 실연당한 사람들의 사연이 넘쳐났다. "그래서 나는 그 사람의 스웨터를 뜨다 말고 그와 헤어졌다. 이제 내게 남은 반쪽짜리 스웨터를 보며 그것이 저주라는 확신을 갖게 됐다." 연인을 위해 해리 포터 스타일의 크리스마스 스웨터를 뜨던 〈레딧〉 사용자는 실의에 빠져 이런 글을 남겼다.

이런 종류의 불운은 뜨개질에만 존재하는 현상이 아니다. 포츠머스 대학의 응용언어학, 번역학 조교수 스티븐 크랩에 따르면 문신 업계에 종사하는 많은 사람들은 연인의 이름을 문신으로 새기면 관계가 끝난다고 믿는다. "런던 소재의 고급 레이저 클리닉에서 5년간 실시한 조사 결과, 고객이 가장 후회하는 문신(그리고 가장 흔히 제거하는 문신)은 헤어진 애인의 이름이었다." 그는 「대화The Conversation」에서 이렇게 지적했다.

이렇게 헌신적인 행동이 재앙을 가져오는 한 가지 확실한 이유는 무리한 헌신을 계기로 커플들이 자신들의 관계를 되돌아보기 때문이다. 퓰리처상을 수상한 작가 앨리슨 루리는 『뉴요커』 기사에서 이렇게 설명했다. "손으로 뜬 스웨터는 대개 두툼하고 신축성이 있으며 몸에 붙는다. 그것을 만든 여성이 선물 받은 사람을 포위하고 독점하고 싶어 한다는 인상을 준다. 스웨터를 선물 받은 남자는 그것을 만든 사람이 자신에 대해 진지한 계획을 품고 있다는 느낌을 받는다. 마음의 준비가 안 된 남자는 당황하고 겁에 질려 줄행랑을 칠 수밖에 없다."

결국 시간은 뜨개질하는 사람의 편이 아니다. 스웨터는 완성하는 데 몇 달이 걸릴 수 있고 문신은 영원히 남는다. 그사이에 관계가 틀어지는 것도 무리가 아니다. 실패의 위험을 줄이려면 차라리 목도리부터로 시작하자.

(1) 웹사이트 〈니터스 리뷰Knitters Review〉가 2005년에 실시한 설문 조사에 따르면 열심히 뜨개질을 하는 사람의 15퍼센트는 스웨터의 저주를 몸소 경험했고 41퍼센트는 그 가능성을 심각하게 받아들인다고 응답했다.

WORDS
PRECIOUS ADESINA
PHOTO
CHRISTIAN HEIKOOP

JON BATISTE

존 바티스트

WORDS
CHARLES SHAFAIEH
PHOTOS
JUSTIN FRENCH

The band leader on his genre-busting year.

장르를 파괴하는 밴드 리더의 한 해.

존 바티스트의 다섯 번째 스튜디오 앨범 『우리는We Are』은 명랑함과 온화함을 넘나든다. 낯선 사람들과 오랜 친구처럼 스스럼없이 이야기를 나누고, 느닷없이 노래를 부르기 시작하는 뮤지션 본인도 그렇다. 유서 깊은 뉴올리언스 음악 가문의 서른네 살 아들은 최근에 기뻐할 일이 많아졌다.[1] 「스티븐 콜베어와 함께하는 심야 토크쇼Late Show with Stephen Colbert」의 밴드 리더로 이름을 알린 그는 최근 〈픽사〉의 애니메이션 히트작 「소울Soul」로 어린 관객들을 매료시켰다. 재즈 피아니스트인 주인공의 손가락은 바티스트의 것이었다. 우리의 인터뷰 며칠 전, 그는 공동 작곡가인 트렌트 레즈너, 애티커스 로스와 더불어 이 영화음악으로 아카데미상을 수상했다. 그러나 바티스트는 자신의 재능을 스크린, 스튜디오, 콘서트홀로 제한하지 않았다. 음악은 거리의 것이라는 신념을 그는 '사랑의 폭동'으로 증명한다. 이는 공연의 마무리로, 또는 친구들과 모여서 연주하고 싶을 때마다 진행하는 행사로, 누구나 자발적으로 참여할 수 있는 공개 퍼레이드다. 2020년 6월, 뉴욕시 전역에서 수천 명이 그의 뒤를 따라 '흑인의 목숨도 소중하다'를 지지하는 행진을 했고, 악기를 든 사람들은 영적인 해방의 의미가 담긴 미국 국가를 연주해 황홀한 음악적 풍경을 연출했다.

CHARLES SHAFAIEH: 「우리는」에서도 장르를 파괴하는 당신의 스타일은 계속 이어진다. 시장이 정한 구분을 없애는 것은 당신에게 어떤 의미가 있나?

JON BATISTE: 음악을 형식으로 구분할 수는 없다. 다 같은 음악일 뿐이다. 이 앨범을 만들기 위해 밴드와 함께 스튜디오에서 맨 먼저 한 일은 저스틴 비버의 노래 「Let Me Love You」를 녹음하는 것이었다. 이 곡을 좋아하기도 하지만 함께 음악을 만든다는 생각, 우리에게 익숙한 사람들이 기대하는 방식에서 벗어나고 싶었기 때문이었다. 아티스트라면 늘 새로운 영역을 개척하고 싶은 마음이 있다. 내가 장르에 반대하는 이유는 그것이다. 장르는 예술적 표현을 제한하므로 결국 인간의 표현 범위도 제한하게 된다. 그리고 예술가의 표현이 제한되면 더 이상 예술이 성립되지 않는다. 특정 라이프스타일이나 브랜드의 장점을 과시하는 형식이 될 뿐이다.

CS: 음악을 거리로 가지고 나가는 것 역시 콘서트 경험을 바꿀 수 있는가?

JB: 가장 원초적인 형태의 음악은 상품이 되기 전부터 오랜 세월 우리 앞에 놓여 있었다. 우리는 그때로 돌아가야 한다. 사람들은 음악을 서로 교환하고, 과거와 연결하는 동시에 미래를 위해 역사를 보존하는 매개로 이용하면서 많은 지혜, 기쁨, 진실을 얻을 수 있다. 길거리 연주는 사람들에게 원초적인 형태의 음악을 실제로 보여주는 한 가지 방법이다. 나는 그것을 사회적 음악이라 부른다. 뉴올리언스는 사회적 음악이 아직 남아 있는, 세계에서 몇 안 되는 도시다. 누군가 세상을 떠났을 때를 비롯해 지역사회의 거의 모든 행사에 음악이 있다. 사실 음악을 오락적 가치를 뛰어넘는 삶의 일부로 여기는 사람은 그리 많지 않다. 쿠바, 브라질, 미국 남부의 몇몇 지역은 몰라도.

CS: 줄리아드 시절 당신의 밴드 스테이 휴먼Stay Human은 지하철에서 공연을 했다. 사회적 음악을 뉴욕시에 가져온 셈이다. 지하철 승객을 특수한 청중으로 본 것인가?

JB: 대학 때 나는 아주 다양한 연주 경험을 했다. 재즈의 거장 로이 하그로브, 애비 링컨, 와이튼 마살리스, 레니 크래비츠, 프린스와 함께 연주했고, 채드 스미스, 빌 라스웰과 앨범을 녹음한 적도 있다. 지하철 연주 경험도 있고. 이 모든 경험이 다른 활동의 자양분이 되었다. 나는 모든 형태의 공연은 서로 차이점보다 연결점이 더 많다는 사실을 깨달았다. 어떤 공연에서든 사람들은 특정 시점에 이 경험에 대해 마음을 열지 닫을지를 집단적으로 결정한다. 지하철에서 사람들은 경험을 기대하지 않는다. 공연장에서는 경험에 대한 기대가 매우 크다. 재즈 연주회에서는 또 고유의 감상법이 있다. 모두가 마음이 통할 수도 아닐 수도 있다는 점이 이런 연주들의 공통점이다. 지하철 연주의 특별한 점은 애초에 같은 주파수로 공명하겠다는 기대 자체가 없다는 것이다. 그래서 연주가 시작되면 한 공간의 에너지가 완전히 바뀌는 듯이 느껴진다. 뉴욕 사람들은 그런 상태에 이르는 것을 두려워하는 경우가 많다. 그러다 갑자기 파티처럼 활기찬 분위기가 만들어지고 한 공간에 있는 사람들 간에 공동체 의식과 유대감이 생긴다.

CS: 당신의 작품은 시간과 공간의 경계도 허문다. 어찌 보면 우리를 떠난 작곡가와 아티스트들을 소환해 아직 태어나지 않은 미래의 아티스트들과 이어주는 행진 같기도 하다.

JB: 음악의 가장 큰 힘은 시간 여행이다. 다른 형태의 예술은 음악만큼 그런 효과를 즉각적으로 불러올 수 없다. 바흐에게서 받은 영향을 켄드릭 라마나 알리 파르카 투레 같은 다른 시대의 음악에 접목한다고 상상해보자. 다른 예술 형식이 그만큼 신속하고 효과적으로 비슷한 결과를 가져올 수 있을까? 가장 훌륭한 예술가들은 바로 그런 일을 해냈다. 먼저 살다 간 사람들과 소통하면서 현재에 새로운 시도를 하고 다음 세대에 영감을 준다. 위대한 음악가란 바로 그런 사람들이다. 예술 형식으로서의 음악에는 한계가 없으며, 자기만의 고유한 관점을 잃지 않은 채 인간의 집단의식을 탐구할 기회를 준다.

CS: 집단과 개인 간의 그런 상호작용은 전체를 존중하면서도 독립된 목소리를 부각시키는 재즈의 감성과 이어지는 것 같다.

JB: 재즈는 개인의 목소리가 민주적인 집단 전체의 기능만큼이나 중요할 수 있고, 공동 창작이 개성만큼 중요할 수 있음을 보여주는 예다. 우리는 민주주의 속에서 갈등을 겪지만 평화로운 공존을 위해서는 개인의 자유, 언론의 자유와 더불어 지속적인 타협과 집단적인 협상이 필요하다. 목적과 목적의 충돌을 조정해야 한다는 뜻이다. 재즈는 음악의 형식이라고 하기 어렵다. 사회문화 현상을 반영한 철학이다. 재즈핸즈, 손가락 스냅, 멋진 클럽 등은 재즈를 어설프게 마케팅하기 위해 동원된 이미지일 뿐이다. 재즈는 흑인의 경험과 미국의 원죄인 노예제도에 깊이 뿌리박고 있다. 전 세계에서 문화권마다 다른 형태를 띠며, 그 형태에는 경험이 뒤섞인다. 그래서 그 무엇보다 철저히 미국적이다. 재즈는 역사상 최초로 과거와 현재에 동시에 뿌리를 둔 예술이며 미래를 형성하는 가장 현대적인 형식이다. 당신이 보고 듣는 순간마다 당신의 바로 앞에서 일어나는 현상이기 때문이다.

듀크 엘링턴의 「디미누엔도 앤 크레센도 인 블루Diminuendo and Crescendo in Blue」와 27 코러스 솔로를 연주하는 폴 곤잘베스의 테너 색소폰 연주를 들어보라. 27 코러스로 한정하지 않은 녹음도 있다. 관객들의 함성은 끊이지 않고 그는 음을 점점 더 높인다. 재즈는 이런 에너지의 되먹임 회로가 되었다. 굉장히 짜임새 있지만 청중이 참여할 여지가 남아 있는 곡이다. 청중이 경험의 일부가 되게 하는 것이야말로 재즈의 위대한 특성 중 하나다.[2]

CS: 당신도 청중에 이끌려 예상치 못한 깨달음을 얻을 수 있다. 최근에 당신의 의식 속을 파고든 것, 당신이 간절히 탐구하고 싶은 것은 무엇인가?

JB: 전혀 관계없는 대상들을 묶어서 생각하는 연습을 하면 창조성을 높이는 데 도움이 된다. 이질적인 것들을 연결하는 능력을 나는 예술가의 생명줄이라고 본다. 예를 들어 자동차 정비사와 작곡을 연결하거나, 군대의 위계질서를 수채화에 연결할 방법을 찾는 것이다. 당신이 하는 일이 무엇이든 그 방법은 새로운 사고방식을 열어준다. 그 과정이 끝날 때마다 나는 항상 영감을 얻는다.

(1) 바티스트는 뉴올리언스를 주름잡던 음악가 집안 출신이다. 그의 아버지 마이클은 재키 윌슨, 아이작 헤이스와 함께 연주한 베이시스트였다.

(2) 「소울」을 공동 연출한 피트 닥터에 따르면 바티스트는 "재즈 팬이 아닌 사람들도 음악을 감상하고 감동을 느낄 수 있도록" 영화에 수록될 재즈 음악을 '듣기 편하게' 작곡했다.

여러 다양한 활동과 더불어 바티스트는 할렘 소재 국립 재즈 박물관의 공동 예술 감독으로 2009년부터 박물관의 사업에 적극 참여하고 있다.

49 — 112

Michèle LAMY:

Words
ROBERT ITO

미셸 라미: 파리의 대사제

THE HIGH PRIESTESS OF PARIS.

Photography
LUC BRAQUET

미셸 라미는 베네치아 대운하 인근의 호텔에 묵고 있다. 얇은 커튼이 드리워진 창문으로 햇빛이 쏟아져 들어오고 바닷새의 울음소리가 들린다. 라미는 세계에서 가장 폭넓은 장르를 아우르는 크리에이티브일뿐만 아니라 가장 특이한 패션을 추구하는 인물이다. 다양한 행사에서 그녀는 스핑크스 모양의 머리 장식을 쓰고 이마에 흡착판을 붙였다. 기이한 형태의 커다란 재킷에 짧은 반바지와 30센티미터 높이 통굽 부츠를 신기도 했다(영국판 『보그』의 '옷장 속으로' 시리즈 촬영을 위해서였다). 남편의 머리와 섬뜩할 정도로 똑같이 제작한 손지갑을 들고 온 적도 있다.[1]

그래서 나는 그녀에게 오늘은 어떤 옷을 입고 있냐고 물었다. "캐시미어 스웨터를 입고 있다." 라미가 대답했다. "거꾸로." 두 팔은 소매에 끼워졌지만 목 구멍은 허리에 내려와 있다. "한쪽에는 보디슈트를 입고, 다른 쪽에는 셔츠를 입었다." 그녀가 말을 이었다. 〈줌〉으로 대화 중이었기에 그녀가 일어서자 나는 옷과 소품들을 어떻게 착용했는지 확인할 수 있었다. 그녀의 정수리에는 요정의 베레모처럼 보이는 것이 얹혀 있지만 실제로는 패션 디자이너 릭 오웬스가 만든 안면 마스크였다. 그는 라미의 남편이자 비즈니스 파트너로, 호텔 방 뒤편에서 작은 나무 책상에 앉아 일하고 있었다. 라미의 모든 손가락에는 반지가 겹겹이 끼워져 있었다. "나는 항상 반지를 낀다." 그녀가 말한다. 팔을 움직일 때마다 여러 겹의 팔찌가 짤랑거린다.

라미는 건축 비엔날레 개막식 참석차 이곳에 왔다. 2015년에 이 도시를 방문했을 때는 트럭을 운반하던 바지선을 전세 내어 녹음실과 선상 레스토랑을 갖춘 수상 하우스 파티, 아트 프로젝트, 공동 식당 공간인 바지날레Bargenale를 조성하고 미국 래퍼 A$AP 로키와 영국 뮤지션 제임스 라벨 등의 손님을 초대했다.[2] 2019년에 그녀는 「라미랜드: 우리는 무엇 때문에 싸우는가LAMYLAND: What Are We Fighting For?」를 갖고 돌아왔다. 이 복싱 설치미술에는 여러 세계적인 예술가들이 이 행사를 위해 디자인한 아홉 개의 샌드백이 매달려 있다.

올해 베네치아 비엔날레의 주제는 "우리는 어떻게 더불어 살아갈 것인가?"로, 힘겨운 한 해를 버텨낸 이 시기에 매우 적절한 주제이다. "내가 개인적으로 품었던 질문이기도 하다." 라미가 말한다. "우리는 어떻게 더불어 살까? 대답하기 어려운 질문이다. 그래서는 안 될 것 같지만."

올해 라미는 비엔날레에 관객으로 참석하지만 8월 말에 이 도시로 돌아와 큐레이터 파올로 로소가 기획한 '떠다니는 영화관Floating Cinema'에 참여할 예정이다. 작은 어선으로만 접근할 수 있는 베네치아 석호 한가운데에 대형 스크린을 띄우고 부둣가에서 멋진 파티를 열 계획이라고 그녀는 귀띔했다. 라미는 물 위의 영화제를 위한 90분짜리 프로그램을 직접 기획해달라는 요청을 받았다.

나는 라미와 통화할 때 로스앤젤레스에 있었다. 그녀는 석호 프로젝트에 쓸 몇 가지 작품을 촬영하기 위해 7월에 LA에 올 계획이지만 정확히 무엇을 찍을지는 아직 모

(1) 라미는 파리의 팔레 드 도쿄에서 열린 릭 오웬스의 2020 가을 겨울 쇼에서 가짜 머리를 들고 다녔다. "휴대전화, 돈, 담배. 내게 필요한 건 다 들어 있다." 당시 『보그』와의 인터뷰에서 그녀는 이렇게 말했다.

(2) A$AP 로키는 2008년부터 라미의 친구이자 협업자였다. 『앳. 롱. 래스트.ASAP At. Long. Last. ASAP』 앨범 커버에서 그는 라미가 선물한 반지를 끼고 있다.

Styling: Gill Linton. Set Design: Déborah Sadoun. Hair & Makeup: Jean-Charles Perrier

른다고 했다. 영화가 될 수도, 그냥 동영상이 될 수도 있단다. “혹시 내가 LA에서 30년을 살았다는 거 알고 있나?” 그녀가 묻는다. LA에 살던 시절 라미는 패션 감각, 파티, 여러 하위문화와 민족을 아우르는 포용성으로 이 도시에서 신화에 가까운 인물이었다. 일흔일곱의 그녀는 여전히 존재감을 과시하며 이 도시의 떠오르는 예술가, 디자이너, 창작자 들을 지원하고 격려한다.

라미는 1944년에 프랑스 쥐라에서 태어났다. 기숙학교에서 헨리 밀러의 작품(“책은 엄청 섹시하다.”)을 읽으며 영어를 익힌 그녀는 졸업 후 카바레 댄서로 일하다가 1968년 5월에 파리에서 시위에 참가했다.[3] 1970년대 후반에 뉴욕으로 이주해 〈스튜디오 54〉 같은 나이트클럽을 드나들었다. 그녀의 오빠는 그녀에게 돈 없이 “뉴욕에서 멋지게 살기는” 어렵지만 로스앤젤레스라면 이야기가 다르다고 했다. “오빠는 리비에라 해안가의 뉴욕 같은 곳이라고 했다.” 라미는 수전 손택과 존 디디온 같은 작가들 때문에 로스앤젤레스에 끌렸다. 디디온은 자신의 가장 잘 알려진 작품에서 이 도시를 불멸의 장소로 만드는 동시에 강력히 비판했다. “LA에서 음악, 문학, 모든 것에 매료되었다.” 그녀는 1979년에 LA로 이사했다.

“나는 항상 함께해야 하거나 함께하고 싶거나 내게
놀라움을 주는 사람들 사이에 있으려 노력했다.”

라미는 자신의 이름을 건 여러 의류 회사를 설립했고, 산타모니카 대로에서 〈투순투노Too Soon To Know〉라는 매장을 운영했다. 1991년 즈음에 개업한 〈레 듀 카페Les Deux Café〉는 알 파치노, 데이비드 린치, 레니 크라비츠, 마돈나에 이르기까지, 이 도시 최고의 배우, 음악가, 예술가 들이 모이는 장소로 전설이 되었다. 눈에 잘 띄지 않는 주차장과 아무 표시 없는 철제문 등 이곳의 모든 것은 보란 듯이 비밀스러웠다. “〈레 듀 카페〉를 처음 지을 때 그곳은 주차장 부지였다.” 라미가 설명한다. “나는 이곳을 정원으로 바꾸겠다고 선언했다.” 이 순간부터 너무나 마법 같은 행운의 이야기가 펼쳐진다. 휑한 주차장은 이 도시에서 가장 환상적인 핫스팟으로 탈바꿈한다. 행복한 우연에 의해 모든 일이 술술 풀린 듯이. 하지만 그게 전부는 아니다. “나는 고통스러울 만큼 열심히 일했다. 운이라는 것을 스스로 만든 셈이다.” 또 그녀는 호기심이 매우 강하며, ‘방랑벽’이 있어 아직 가고 싶은 곳이 많다. “내가 일본에 가본 적이 없다는 게 믿겨지나?” 그녀는 조만간 일본에 가기를 원한다. “나는 항상 함께해야 하거나 함께하고 싶거나 내게 놀라움을 주는 사람들 사이에 있으려 노력했다.”

(3) 2019년 파리 패션 위크 기간에 라미는 망코 파리의 카바레로 돌아왔다. 그녀는 복싱용 주먹 보호 붕대로 온 몸을 감싸고 예술가 장 비체와 함께 춤추는 공연을 두 차례 진행했다.

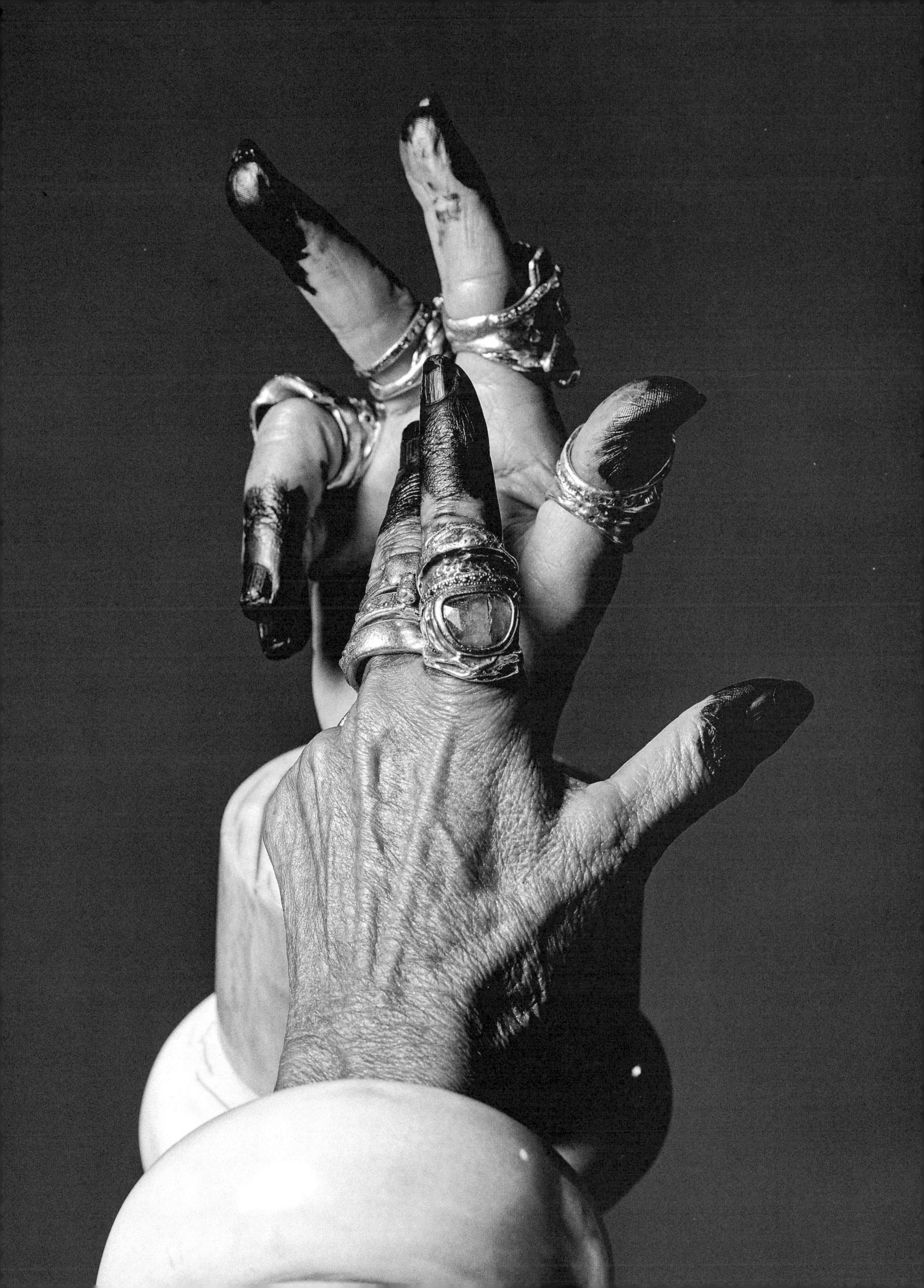

라미는 2003년에 로스앤젤레스를 떠났다. "릭 오웬스가 파리로 가야 했기 때문에 우리는 그곳으로 이사했다." 그가 누구인지, 우리 대화가 뻔히 들릴 것 같은 방 뒤편에 있다는 사실을 내가 모르기라도 하는 듯, 그녀는 그의 성까지 붙여서 불렀다. (오웬이 파리로 간 이유는 프랑스의 유서 깊은 모피 회사 〈레비용Revillon〉의 예술 책임자로 일하기 위해서였다.) 하지만 여전히 로스앤젤레스를 사랑하는 라미는 이 도시에 처음 찾아온 손님을 데려갈 만한 명소를 줄줄 읊었다. 베니스 해변의 스케이트 공원과 산책로, 그녀가 손가락에 문신을 새겼다는 팜스프링스, 전설의 샤토 마몽. "계곡에도 꼭 데려가야 한다!" 그녀가 말한다. 내게 LA 이야기를 할 때 라미는 꼭 "당신이 있는 곳!"이라고 덧붙였다. 나는 당신이 있는 LA로 돌아갈 거다! 나는 그때 당신이 있는 LA를 떠났다. 이런 식으로. 이 도시를 그리워하는 여성이 찾은 나와의 작은 연결점이었다.

웨스트 할리우드에 있는 릭 오웬스의 옷 가게에서 라미의 조수인 재닛 피슈그룬트가 〈리졸리Rizzoli〉에서 출판된 멋진 그림책 「릭 오웬스: 가구Rick Owens Furniture」 한 부를 내게 보내왔다. 수년간 라미는 남편과 함께 가구 시리즈를 제작했는데, 실용적이고 편안한 가구라기보다 예술적이고 미니멀한 디자인에 가까웠다(LA 현대미술관에서 열린 최근의 전시회에는 대리석, 콘크리트 및 소뼈로 만든 작품이 소개되었다). 이 책은 시중에서 만날 수 있는 어떤 가구 화보와도 비슷하지 않다. 토스카나, 두바이, 몬트리올, 사해를 거치는 여행기, 다니엘 레빗과 장 밥티스트 몬디노가 찍은 부부의 모습과 가족 사진첩, 아트북이 한 권에 담겼다. 알루미늄을 부어 만들었으며 엉덩이가 놓이는 위치에 두 개의 뿔이 솟아 있는 '뿔 의자' 사진 옆에는 황금 충전재에 여러 개의 작은 다이아몬드가 박힌 라미의 앞니가 클로즈업되어 있다.[4] 수정 재질의 변기, 담배꽁초, TV 리모컨은 부부의 집에 있는 물건을 찍은 것이다. 〈오웬스코프〉의 본사가 있는 플라스 뒤 팔레 부르봉(프랑스 국회의사당 부지) 소재의 5층 건물 일부가 두 사람의 집이다. 공장에서 지게차를 몰거나 생모리츠의 눈 속을 걷는 라미의 사진도 있다.

책 속 사진에 붙은 설명이 한두 단어로 되어 있어서 라미에게 몇 장의 사진을 가리키며 설명을 해달라고 부탁했다. '1995년 12월, 할리우드'라 적힌 사진에서 라미는 1950년대 머그샷처럼 보이는 두 개의 커다란 사진 앞에 서 있다. 한 무더기의 팔찌를 낀 그녀의 왼팔은 골반을 짚고 있고 오른손은 담배를 끼운 채, 마치 그녀가 담배 광고에 나오는 화려한 스타이기라도 한 듯 높이 들려 있다. 그녀는 모델 같다. "이 사진은 내가 〈레 듀 카페〉를 짓던 중에 찍었다. 그때 길 건너편에 릭의 스튜디오가 있었다. 그가 첫 번째 패션 라인을 발표할 무렵이었다. 컬렉션이라 하기도 뭣했다." 두 사람은 그 스튜디오에서 함께 살고 일했다. 오웬스와 라미에게는 치열한 창작의 시기, 즉 '축제의 시간'이었다. "마음에 드는 사진 중 하나다. 내가 예쁘게 나오기도 했다."

> "공연을 하고 싶다. 사람이 많을수록 좋다.
> 넓은 장소에 모인 많은 사람을 보면 하늘을
> 둥둥 떠다니는 기분이다!"

'2013년 벨기에 몽스'라는 설명이 붙은 사진 시리즈에서 라미는 거대한 대리석 판을 유심히 살피고 있다. "이곳은 벨기에와 프랑스 사이에 유일하게 남은 검은 대리석 채석장이다." 그녀가 설명한다. "지하로 60미터를 내려가야 볼 수 있는 곳이다. 다이너마이트로 대리석을 채취한다." 그녀는 릭 오웬스의 가구 라인에 사용할 크고 흠 없는 대리석 판을 찾으러 그곳에 갔다. 나중에 그것은 침대와 의자, 테이블로 만들어졌는데 그 무게가 상당했다. 라미는 무엇을 찾아야 하는지, 가장 아름다운 표본('줄무늬가 없는 것')은 어떻게 찾는지 금방 깨우쳤다. 그러다 그녀의 화제는 하얀 시벡 대리석으로 만든 아부다비의 거대한 모스크, 검정 대리석이 검정이 된 이유(석탄과 관련이 있다)로 넘어갔다가 이제는 "우리가 세상을 구해야 하기 때문에" 두 사람을 비롯한 예술가들이 '액체 돌'에 관심을 가져야 한다는 이야기가 나왔다. 결국 콘크리트를 말하는 것 같았다. "어쩌다 이런 얘기가 나왔는지 모르겠다." 그녀는 말한다. 사실 어쩌다 나온 이야기 몇 가지가 이어지다가 원래 이야기로 돌아가기도 하고 딴 길로 새기도 했다. 라미와의 대화는 이런 식이었다.

'2016년 4월, 생파고 퐁티에리 에베니스테리 다곤'이라 적힌 사진에서 라미는 공장 바닥을 빗자루로 쓸고 있다. 청소할 사람은 따로 있지 않았을까? "다들 트럭을 타고 어디 가버린 모양이다." 그녀가 말한다. "어쨌든 누군가는 해야 할 일 아닌가." 그녀는 잠시 고민했다. "아니면 내가 그냥 장난 삼아 했던가?"

(4) 라미에게 수은 충전재를 금으로 교체하라고 처음 권한 사람은 LA의 한 주술사 치과 의사였다. "하나를 원하다 보면 또 다른 것을 원하게 된다. 그런 거 있지 않나." 그녀가 2015년에 『컷』에서 한 말이다.

(all)　Lamy wears RICK OWENS and her own jewelry throughout.

누구나 마찬가지겠지만 라미의 생활과 계획도 팬데믹으로 크게 바뀌었다. 그럼에도 지난 1년 사이 그녀는 루이스 캐럴의 「이상한 나라의 앨리스」 속 티파티에서 영감을 받아 킴 카다시안과 함께 허니 머스터드 치킨(직접 키운 벌로 꿀을 얻었다)을 만드는 단편영화를 제작했다. 브롱크스에서 활동하는 요리사, 미식가 집단 〈게토 개스트로Ghetto Gastro〉가 참여했다. 〈몽클레어 + 릭 오웬스〉 컬렉션 출시를 돕기 위해 주문 제작한 관광버스를 타고 오웬스와 함께 밀라노에 다녀오기도 했다.[5] 다시 말해 라미의 삶은 조금도 느슨해지지 않았다. 자기만의 목소리나 스타일을 구축한 다음에는 그 안에 갇히기 십상인 여느 아티스트들과 달리 라미는 자신의 한계를 끊임없이 뛰어넘고 있다.

내년쯤에 그녀는 딸 스칼렛 루즈, 베니스에서 활동 중인 비주얼 아티스트 니코 바셀라리와 함께 결성한 음악 그룹 라바스카LAVASCAR의 투어를 다시 시작할 예정이다. 입말(라미가 랭스턴 휴즈, 에텔 아드난 등의 시를 읊조린다)과 동물 소리(루즈가 낸다)가 뒤섞인 그들의 음악은 말로 설명하기 어렵다. "소음 밴드다." 그녀가 말한다. 작년에 라트비아와 조지아에서 계획했던 공연이 팬데믹으로 무산되었지만 라미는 하루빨리 다시 시작하기를 바란다. "공연을 하고 싶다. 사람이 많을수록 좋다." 작은 공간에서는 "사람들의 시선이 조금 신경 쓰일 때가 있다. 하지만 넓은 장소에 모인 많은 사람을 보면 하늘을 둥둥 떠다니는 기분이다! 나에 대한 기사를 읽으면 마치 내가 여러 사건이 어떤 방향으로 이어지는 이야기 속에 들어간 것 같다. 니코가 원시시대로 돌아갈 수 있는 도구인 드럼을 갖고 있어서 좋다. 덕분에 나는 마음껏 웃을 수 있다."

"말없이 웃음만으로도 뭔가를 표현할 수 있다."

웃음은 실제로 공연의 일부다. 무엇보다 그녀의 웃음에 매혹된 큐레이터는 웃어달라며 라미를 아부다비에 초대하기도 했다. 라미에게 베두인 부족의 전통을 소개하면서, 위기의 시기가 닥치면 문제를 해결할 지혜를 가진 사람이 누군가의 웃음을 읽고 미래에 대한 통찰력을 얻는다고 한다. 물론 라미가 그곳에 가서 웃기만 하지는 않겠지만 언제 무엇을 할 것인지는 아직 정하지 않았다. "불경기, 전쟁, 질병이 닥치면 베두인족은 웃음을 읽는다. 그 웃음을 통해 문제가 해소될지, 아니면 고통이 좀 더 이어질지 해석할 수 있다고 한다." 거기서 누군가 라미의 웃음을 읽고 앞으로 닥칠 일을 예언할지는 알 수 없지만 그녀는 그럴 가능성에 마음을 열었다. "말없이 웃음만으로도 뭔가를 표현할 수 있다는 사실을 사람들이 분명히 깨닫게 될 거다. 그러면 누군가는 앞으로 무슨 일이 있을지 알아낼 수도 있지 않을까? 그게 내가 될지도 모른다."

(5) 라미와 킴 카다시안의 협업은 또 있다. 두 사람은 『언아더AnOther』 잡지에 팬데믹 봉쇄 기간에 주고받은 문자메시지를 공개하고 표지모델로 등장했다. "내일 봐, 내 쌍둥이 원숭이." 라미는 주로 이 말로 대화를 마무리했다.

OUT OF SEASON

지나간 계절

Sunrise to sunset on the Catalonian coastline.

카탈루냐 해안의 일출부터 일몰까지

Photography
SALVA LÓPEZ
Styling
JUAN CAMILO
RODRÍGUEZ

(previous)	Matteo wears a shirt by DRIES VAN NOTEN and shorts by IAGO OTERO.
(top right)	Matteo wears a shirt by BOTTEGA VENETA.
(below)	He wears a coat by EDWARD CUMING and trousers by ARDUSSE.
(bottom right)	He wears a sweater by ARDUSSE and trousers and shorts by EDWARD CUMING.

(below) Towel from BON VENT.

Hair & Makeup
ANASTASIIA BABII
Production
ANTON BRIANSÓ
& POL MASIP

(previous) Shawna wears a shirt and shorts by IAGO OTERO. Matteo wears a shirt by DRIES VAN NOTEN and shorts by IAGO OTERO. Both wear shoes by HEREU.
(top left) Shawna wears a dress by KENZO and shoes by VERSACE.
(bottom right) She wears a shirt by APRÈS SKI, shorts by IAGO OTERO and shoes by HEREU.

(left) Matteo wears an undershirt by VERSACE and a shirt by ARDUSSE.

(overleaf) Shawne wears a coat by EDWARD CUMING and Matteo wears a jacket by DRIES VAN NOTEN and a shirt by ARDUSSE.

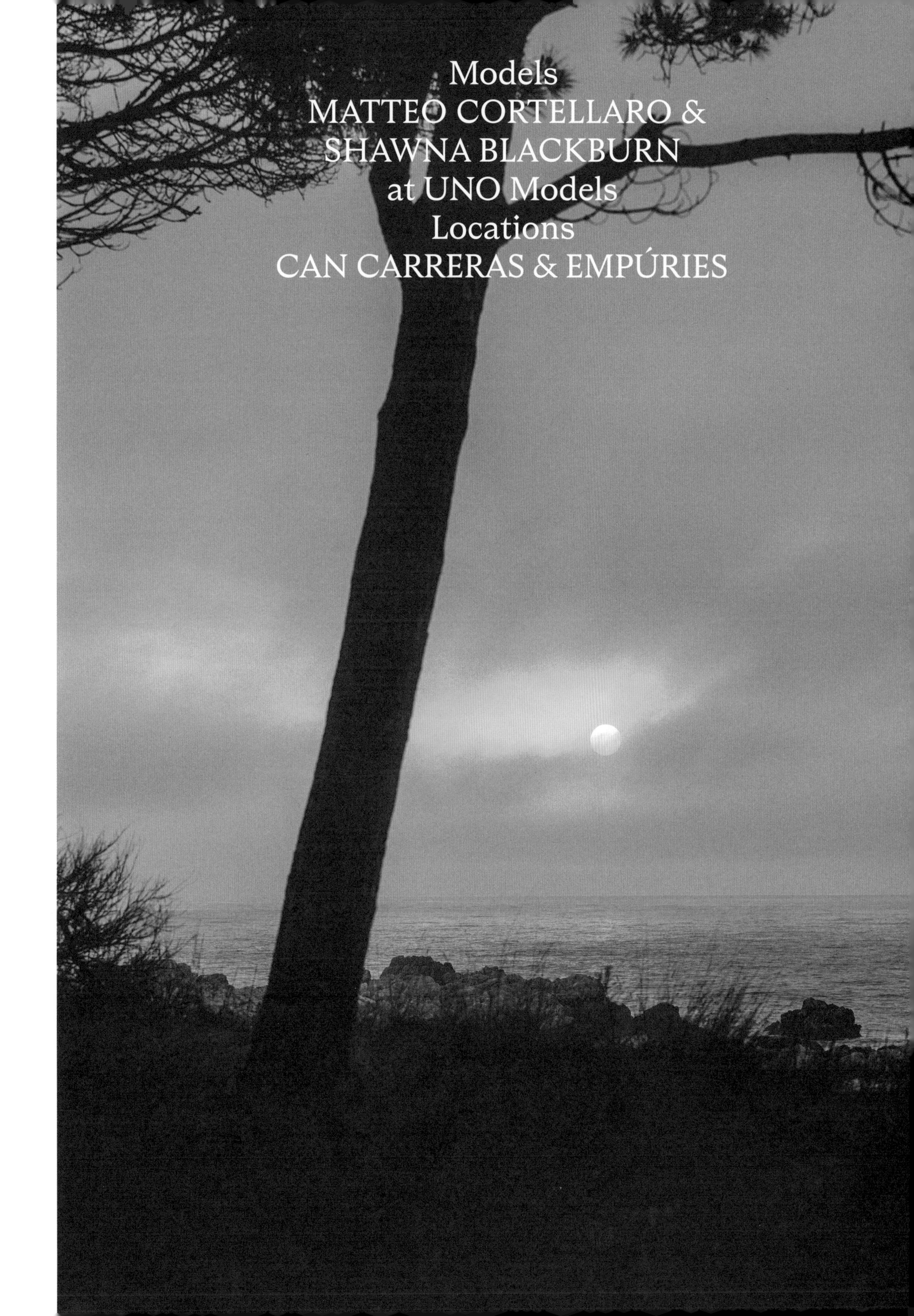

Models
MATTEO CORTELLARO &
SHAWNA BLACKBURN
at UNO Models
Locations
CAN CARRERAS & EMPÚRIES

Can Instagram slideshows save the world?

인스타그램 슬라이드쇼가 세상을 구할 수 있을까?

ESSAY: THE INFOGRAPHIC INDUSTRIAL COMPLEX

에세이: 인포그래픽의 당면 과제

Words
SARAH MANAVIS

중동에서 무슨 일이 일어나고 있는지 알고 싶다면? 먼지 차별micro aggression, 가면 증후군, 페미니즘의 기초를 이해하고 싶다면? 다행히 이제는 인스타그램만 스크롤하면 알아야 할 모든 것을 찾을 수 있다.

지난 10년 동안 인스타그램용 인포그래픽만큼 빠르게 정착한 소셜 미디어 트렌드는 드물다. 이미지가 24시간 후에 사라지는 인스타그램 스토리에서 일반적으로 공유되는 슬라이드쇼는 이제 소셜 미디어의 사용자에게 피할 수 없는 일부가 되었다.[1] 눈에 띄는 시각 요소나 기능성을 중시하는 인스타그램의 특성과 결합하여 창조적인 형태의 신개념 행동주의로 자리매김하고 있다.

하지만 지난해부터 파스텔 톤의 슬라이드 몇 장으로 세계 정치, 사회정의와 관련한 복잡한 문제들을 알리는 방식이 지나치게 단순하게 느껴지기 시작했다. 골치 아픈 문제들에 따르는 미묘한 세부 사정은 다룰 수 없기 때문이다. 유용하고 유익할 때도 있지만 이런 인포그래픽은 문제를 단순화하거나 편견을 주기 쉽다는 비난이 거세지고 있다. 예를 들어, 1억 6,600만 명이 넘는 인스타그램 팔로워를 거느린 켄달 제너 등의 유명인은 코로나19 대유행 초기에 감염 증세가 경미함을 강조하는 '데이터 팩' 인포그래픽을 공유했다. 과학자들은 곧바로 이 자료의 결함을 지적했다. 병원의 기능이 마비되고, 코로나19가 장기화되고, 젊은이들이 노인을 감염시킬 가능성을 간과한 자료였지만 온라인에서 도는 것을 막을 수는 없었다.

소셜 미디어에서 인포그래픽이 급증하는 것이 매우 현대적인 현상처럼 느껴질 수 있지만, 이를 논쟁의 도구로 사용하는 행태는 수백 년 전부터 존재했다. 「인포그래픽: 뉴스와 커뮤니케이션에 이용된 데이터 그래픽의 역사The Inforgraphic: A History of Data Graphics」의 저자 머레이 딕 박사는 18세기 말에 인포그래픽의 출현한 것은 '거의 운명적'이었다고 주장한다. 계몽주의 시대 말기에는 교과서, 참고 문헌, 기타 학술지에 실을 원본 자료를 수집하고 생산하는 사람이 크게 늘었다. 연구 결과를 명확하고 효과적으로 전달할 필요가 생기자 연구자들은 자료를 시각적으로 표현할 새로운 방법으로 눈을 돌렸다. 스코틀랜드의 엔지니어, 경제학자인 윌리엄 플레이페어가 탄생시킨 막대그래프, 원그래프, 선그래프가 대표적이었다.

“인포그래픽의 기원은 누구나 이해할 수 있는
단순하고 보편적인 언어가 아니다.”

당시에 인포그래픽을 소비하던 사람들은 지도 제작에 학문적 소양을 가지고 있었기 때문에 아주 복잡한 도표도 이해할 수 있었다. “인포그래픽의 기원은 누구나 이해할 수 있는 단순하고 보편적인 언어가 아니다.” 딕은 이렇게 지적한다. “오히려 특권층이 특수한 주제를 다른 특권층에 전달하는 엘리트 사회의 의사소통 방식에 가까웠다.” 그러나 W.E.B. 두 보이스가 만든 아름답고 복잡한 인포그래픽처럼 몇 가지 예외는 있었다. 그는 노예제가 폐지된 후 30년이 넘도록 제도적 인종차별 하에서 아프리카계 미국인들이 어떻게 억압을 받았는지를 그림으로 표현했다.

(1) 이 슬라이드쇼들은 이제 패러디의 대상이 될 만큼 널리 알려졌다. 2021년 봄, 유럽에서 슈퍼리그의 결성 움직임이 헤드라인을 장악하자 몇몇 밈 계정은 '축구계에서는 무슨 일이 일어나고 있으며 당신은 무슨 일을 할 수 있는가' 같은 헤드라인과 더불어 거짓 인포그래픽을 게시했다.

(2) '깨어 있는 척'이라는 용어는 일부 기업이 사회정의와 관련된 인포그래픽을 이용하는 방법을 설명한다. 이를 테면 인종 평등과 페미니즘에 대한 자료를 게시하는 패스트패션 브랜드는 그들이 부당한 노동 관행으로 소외 계층에게 적극적으로 해를 끼치고 있다는 사실을 물타기 할 수 있다.

20세기가 시작될 무렵에는 매스커뮤니케이션의 도구로서 인포그래픽의 사용이 폭발적으로 증가했다. 신문과 잡지는 기사에 매력적인 인포그래픽을 곁들이면 더 많은 독자를 끌어들일 수 있다는 사실을 깨닫고 정기적으로 인포그래픽을 게재하기 시작했다. 참여하는 삽화가가 늘면서 딱딱한 데이터에 활기를 불어넣고 더 많은 기호와 문구도 사용되었다(이를테면 남자의 형태로 노동자의 수를 나타냈다). 또 이 시대에는 정치적 설득의 도구 역할을 하는 인포그래픽이 탄생했다. 인포그래픽은 종종 논쟁에서 한쪽의 주장을 뒷받침하는 근거를 보여주는 데 사용되었다. 자가격리를 한 사람과 제대로 격리하지 않은 사람의 감염률을 비교해 결핵이 어떻게 차단되는지 설명하기도 했다.

"솔직히 많은 사람들이 영향력을 높이려는 목적으로 이런 자료들을 양산하다 보면 잡음이 생기기 마련이다. 결국 잘못된 정보가 생성될 수밖에 없다."

딕은 인포그래픽, 특히 신문에 실린 인포그래픽은 20세기 내내 "뻔뻔하게 선동한다"는 비판을 받았다고 지적한다. 그러나 이 업계는 이후 수십 년에 걸쳐 철저히 전문화되었다. 표준화된 데이터 시각화 자료는 이제 전문 언론 기관에서 생산된다(538FiveThirtyEight 같은 통계 분석 사이트나 선거 기간에 지겹도록 볼 수 있는 예측 지도를 생각해보자).[3]

하지만 전통적인 매체 내에서 인포그래픽의 전문화가 진행되는 사이, 2000년부터 2010년대 초에는 일반 대중이라는 새로운 창작 주체가 등장하기 시작했다. "창조의 새로운 물결은 사람들에게 인포그래픽을 만들 수단을 제공하는 기술과 늘 관련이 있다." 「정보 그래픽의 역사History of Information Graphics」를 쓴 샌드라 렌젠은 이렇게 설명한다. "2007년 즈

(3) 물론 소셜 미디어용으로 제작하는 콘텐츠에도 똑같이 엄격한 기준을 적용하는 인포그래픽 제작자도 많다. 일례로 데이터 저널리스트 모나 찰라비는 정기적으로 출처를 게시하고 원자료를 이색적인 일러스트레이션으로 바꾸는 방법을 설명한다.

음에 인터넷이 널리 보급되면서 모든 사람이 개인용 컴퓨터를 갖게 되었다. 결국 모든 사람이 그래픽 제작 도구를 손에 넣은 셈이다."[4]

이 시기에 우리는 현대 인스타그램 인포그래픽의 시작을 보았다. 집에서 만든 도표인데, 대개 정치적 견해를 드러내며 종종 출처 표시가 없고 지나치게 단순화된 경향이 있었다. 불과 몇 년 전까지만 해도 이런 인포그래픽은 대체로 소수의 사람만 볼 것 같은 소규모 블로그에 존재했다.

이후 인스타그램은 게시물(사용자의 네모 칸을 차지한 사진이나 비디오를 가리키며, 흔히 설명 문구가 따라붙는다)을 스토리로 공유할 수 있게 해 인포그래픽의 배포 방법을 획기적으로 바꾸었다. 이 사소한 기술 변화로 사람들이 시각적 형식의 정보를 더욱 적극적으로 공유하게 되면서 2020년 여름부터 인포그래픽 대유행이 시작되었다. 이 무렵부터 경찰에 체포된 흑인들의 사망 건수를 도표로 정리하거나 인종별 체포 건수와 관련한 통계를 전파하는 등 제도적 인종차별 같은 주제를 다루는 교육 게시물이 급증했다.

하지만 인플루언서들은 20세기 초에 전통적인 인쇄 매체가 그랬듯 인포그래픽을 이용해 영향력을 얻을 수 있음을 깨달았다고 뉴스쿨의 파슨스 디자인 학교 커뮤니케이션 디자인 교수 줄리엣 세자는 설명한다.

통계 자료를 그래픽 형식으로 정확하게 표현하는 데 필요한 지식이 없으면 인플루언서는 영향력을 높이려는 욕심에 너무 단순화하거나 부정확한 편향된 진실을 공유하게 된다. 예를 들어, '흑인의 목숨도 소중하다' 시위 기간에 유포된 몇몇 인포그래픽은 매년 경찰에 의해 흑인보다 더 많은 백인이 살해된다는 통계를 제시했다. 그러나 이 게시물은 인구 수 대비 사망자 비율 데이터를 누락했다. 이 비율로 따지면 경찰의 손에 죽는 흑인 미국인은 실제로 백인 미국인의 두 배다. "솔직히 많은 사람들이 영향력을 높이려는 목적으로 이런 자료들을 양산하다 보면 잡음이 생기기 마련이다. 결국 잘못된 정보가 생성될 수밖에 없다."

사람들은 반듯한 글꼴과 깔끔한 판형을 입고 그럴듯하게 제시되는 사실과 수치를 본능적으로 신뢰하기 때문에 문제는 더 복잡해진다.[5] "이런 인포그래픽을 보면 우리는 이해하지 못하는 것을 이해한 듯이 느끼게 된다… 이런 자료를 파악하기란 쉽지 않다. 정보가 어떻게 수집되는지, 그 한계가 무엇인지 전혀 모르면 이해할 수 없다." 세자가 말한다.

이렇게 수백만 명이 잘못된 데이터에 노출될 수 있다면 인포그래픽의 역사가 새로운 국면에 접어들었다고 봐야 할지도 모른다. 하지만 렌젠에 따르면 엉터리 도표는 항상 흔했다. 진짜 달라진 점은 규모와 독자층뿐이다. 1914년으로 거슬러 올라가면, 잘못된 인포그래픽이 난무하자 정확한 인포그래픽을 만드는 '방법'을 알려주는 책 「사실을 도표로 제시하는 법 Graphic Methods For Prepresenting Facts」까지 등장했다. 저자 윌러드 브린턴은 책의 서문에서 이렇게 한탄했다. "불행히도 제시된 데이터를 바탕으로 곡선을 그리거나 어떤 종류든 표를 작성할 줄 아는 사람은 극소수다."

렌젠은 인포그래픽 분야가 진화할 때마다 사람들은 금방 적응하지만 그에 따라 전문성이 높아지는 것은 아니라고 지적한다. "인포그래픽의 민주화는 누구나 인포그래픽을 만들 수 있음을 의미하지만, 제대로 된 인포그래픽을 만들려면 숫자와 수학에 대한 이해가 필요하다는 사실을 누구나 이해하는 것은 아니다." 렌젠이 말한다. 그녀는 인스타그램에서 반복되는 이런 문제를 크리에이터들이 결국 인식하기를 바란다. 세자도 같은 생각이다. 그녀는 시간이 흐르면서 항상 좋은 쪽으로 개선되었듯이 화제를 모은 인포그래픽에서 자료 출처 표시도 점점 보편화될 것이라 믿는다.[6]

'해로운 긍정toxic positivity'의 의미를 풀이하는 인스타그램 인포그래픽은 결핵을 억제하는 방법을 소개하는 도표와는 전혀 다르게 느껴질지 몰라도 인포그래픽의 소비자로서 기억해야 할 가장 중요한 사실은 주제가 무엇이 됐든 인포그래픽은 논쟁을 일으키기 위해 만들어졌다는 것이다. "아무리 애써도 소용없다. 당신은 논쟁을 끝낼 수 없다." 딕이 말한다.

(4) 마찬가지로 그래픽디자인 플랫폼 〈캔바Canva〉는 최근에 인포그래픽을 대유행시키는 데 큰 역할을 했다. 2020년 연말 보고서에서 〈캔바〉는 이 사이트에서 무료로 제공한 '흑인의 목숨도 소중하다'와 노예해방기념일Juneteenth 템플릿이 33만 번 넘게 다운로드되었다고 자축했다.

(5) 또 우리는 정보가 그림으로 제시될 때 훨씬 효과적으로 처리한다. 포스트잇을 만드는 회사의 연구에 따르면 시각 자료는 문자보다 6만 배 빨리 처리된다.

(6) 자신이 브랜드에 기대하는 것이 무엇인지 사람들은 갈수록 잘 아는 듯하다. @dietprada 같은 계정은 브랜드가 실제 행동 없이 약자와의 연대에 대한 게시물을 올릴 때 종종 브랜드 측에 설명을 요구한다.

At Work With: ORIOR

일터에서: 오리오르

Brian Ng meets the Irish family making New York's favorite furniture.

브라이언 응이 뉴욕에서 가장 사랑받는 가구를 만드는 아일랜드 가족을 만나다.

Photography
ALEX WOLFE

you can build on

“아일랜드 디자인은 따분하다는 인식이 있다.
하지만 점잖은 디자인만 있는 건 아니다.”

〈오리오르〉는 한결같이 가족의 사업이었지만, 모든 구성원을 고향인 북아일랜드 뉴어리로 다시 모은 것은 팬데믹이었다. 이 가구 회사의 크리에이티브 디렉터 시아란 맥기건은 2020년 3월 공장에서 몇 가지 시제품을 확인하러 뉴욕에서 돌아왔다. 자신의 패션 브랜드를 운영 중인 여동생 케이티 앤도 이틀 후 런던에서 귀국했다. 그 후 전 세계가 봉쇄되었다.

가족이 있는 곳으로 돌아온 것은 ‘수업’이었다고 시아란은 말한다. “골 때리는 10대 때가 아니라 지금이라서 다행이라고 생각한다.” 맥기건 가족은 〈줌〉 인터뷰를 위해 식탁 한쪽에 일렬로 늘어섰다. 맨 왼쪽에는 아버지 브라이언, 다음으로 시아란, 어머니 로지, 케이티 앤 순서로 자리를 잡았다. 컴퓨터 웹캠의 앵글이 너무 좁아서 가족을 전부 담을 수 없었기 때문에 인터뷰 내내 시아란이 컴퓨터의 방향을 말하는 사람 쪽으로 틀어야 했다.

뜻밖에 시간을 함께 보내게 되면서 다양한 컬래버가 탄생했다. 그중 하나는 손으로 짠 양탄자 컬렉션이다. 강가 수문의 다채로운 푸른색, 해 질 녘에 하늘을 물들이는 분홍과 빨강 등 산책을 다니다가 영감을 받은 색조를 적용했다. 디지털 인쇄 원단과 도니골 원사로 짠 직물, 벽지도 새로 테스트하는 중이다. 대리석, 금속, 가죽, 천, 크리스털 같은 재료를 참신하게 결합할 방법도 찾고 있다. “아일랜드 디자인은 따분하다는 인식이 있다.” 시아란이 종교 그림을 상기시키며 말한다. “하지만 점잖은 디자인만 있는 건 아니다.”

하지만 이 브랜드의 독창적인 결과물에서 ‘점잖음’은 빛을 발한다. 깊은 벨벳 의자, 조각 같은 대리석 테이블, 미드센추리 스타일의 수납장은 빛과 채도를 높인 광고 사진 속에서 보석처럼 빛난다. 〈오리오르〉 웹사이트에서 고객들을 소개하는 코너를 보면 세련된 크리에이티브를 연상시키는 사람들이 가구에 기댄 채 카메라를 응시하고 있다.

브라이언과 로지가 성장한 1960-70년대 아일랜드에는 디자인에 대한 이런 열망이 존재하지 않았다. 더 절박한 문제가 많았던 탓이다. 정치적으로 암울한 시기였다. 영국의 지배를 받는 여섯 개 카운티를 아일랜드 공화국이 반환 받기를 바라는 민족주의자와 영국의 정체성을 지키겠다는 통합주의자 사이에 무력 충돌이 일어났다. 이런 갈등의 시기에 일자리를 구하기란 하늘의 별 따기였다. 뉴어리의 오리오르 가에서 자란 브라이언은 열다섯 살에 학교를 그만두고 공장에서 소파를 만들기 시작했다. 얼마 후, 그는 던도크 경계 인근의 럭비 클럽에서 로지를 만났다.

두 사람은 만난 지 약 6개월 만에 일자리를 찾아 코펜하겐으로 떠났다. 브라이언은 열여덟이었고 로지는 갓 열일곱이 되었다. 그들은 패스트푸드점과 호텔에서 일을 하고 시간이 나면 아이 쇼핑을 다녔다. “온갖 색상, 디자인, 깔끔한 선”을 접할 수 있었다고 로지는 회상한다. 아일랜드는 갈색과 회색 천지였는데 코펜하겐에는 총천연색이 펼쳐져 있었다. 어떻게 만들어졌는지 확인하기 위해 가구를 들어보거나 밑으로 기어들어가기도 했다.

뉴어리는 꽤 큰 도시지만 몬산맥과 굴리온의 고리 등 아름다운 자연으로 둘러싸여 있다.

1979년, 코펜하겐에서 지낸 지 3년 가까이 되자 브라이언은 뉴어리로 돌아가 그들을 매료시켰던 덴마크 디자인을 바탕으로 가구를 직접 만들고 싶다는 생각이 간절해졌다. 그는 당장 〈오리오르〉를 설립해 여동생을 재봉사로 남동생을 판매원으로 채용하고, 함께 자란 동네 친구에게 소파 천갈이를 맡겼다. 생계를 꾸리기 위해서는 한 주 내내 쉬지 않고 일해야 했다. 그러다 조금이라도 짬이 생기면 브라이언은 자기만의 디자인을 창작했다. “덕분에 우리는 좀 더 창조적인 제품을 만들 수 있었다.” 브라이언이 말한다. 브라이언과 로지는 벨파스트에 작게 매장을 냈지만 장사는 신통치 않았다. 로지에 따르면 처음에는 가구를 밖에 내놓고 거저 나눠 주려 해도 아무도 가져가지 않을 정도였다. “나는 죽었다 깨어나도 그때의 아버지처럼 못 할 거 같다.” 시아란이 말한다. “내겐 선택의 여지가 없었다.” 브라이언이 대꾸했다.

북아일랜드에서 일하는 것은 위험했다. 브라이언은 승합차로 가구를 옮기다가 영국군에게 무장단체원으로 오해받은 적도 있었다. 또 현지 업체들은 제조사에 재료를 소량으로 공급하려 하지 않아 〈오리오르〉는 해외 거래처를 물색해야 했다. 자연 태닝한 스칸디나비아산 황소 가죽으로 브라이언의 자신의 첫 번째 디자인인 샤녹 소파를 만들었다. 그들은 덴마크의 유명한 원단 제조업체 〈크바드라트Kvadrat〉에서도 재료를 공급받았다. 당시만 해도 〈오리오르〉는 재료를 소량씩 구입할 수밖에 없는 형편이었다. 덴마크 가구 전시회에서 〈크바드라트〉 대표가 그녀를 격려하며 이렇게 말하던 것을 로지는 기억한다. “당신들 18미터, 홍콩에서 온 남자가 18미터, 독일 사람이 18미터 주문했어요. 한꺼번에 생산할 수 있는 양이죠.” 그와 반대로 한 영국 상인은 최소 주문 양이 천 미터라고 잘라 말했다.

처음 몇 년간 아주 힘든 시기를 버텨낸 끝에 결국 런던의 〈셀프리지Selfridges〉와 〈리버티Liberty〉백화점을 비롯한 대규모 거래처를 확보하게 되었다. 1990-2000년대에 아일랜드 경제가 호황을 누리면서 "사업은 승승장구하기 시작했다"고 시아란은 말한다. 그러다가 2008년이 되자 주문이 뚝 끊겼다. 아일랜드는 유로존 국가 가운데 처음으로 경기 침체에 빠졌다. 그래도 브라이언은 직원들을 해고하지 않았다. 고도로 숙련된 기술자들이었기에 한번 놓치면 다시 데려올 수 없을 거라는 판단에서였다.

2013년에 시아란이 가업에 '뛰어들었다'. 그가 미국에서 대학을 다니다 휴학하고 뉴어리에 돌아와 있을 때 브라이언의 건강이 나빠졌다. 시아란은 온라인 수업으로 나머지 학위 과정을 대부분 마치고, 크리에이티브 디렉터로 브랜드를 지휘했다. 브라이언이 건강을 회복하자 시아란은 〈오리오르〉의 타깃을 미국 시장으로 돌렸다. 그는 2014년 말에 뉴욕으로 이주해 2015년 5월에 얼마 안 되는 예산으로 브루클린 윌리엄스버그에 스튜디오를 열었다. 〈바이스 미디어〉의 토론토 지사 전체를 단장하는 계약을 따내면서 동부 해안의 세련된 부유층 사이에서 입소문을 타기 시작했다.

시아란에 따르면 오리오의 쇼룸은 이제 '자연스러운 다음 수순'인 트라이베카로 옮겨갔다. 올해 말, 서배너에 고객 휴양지인 〈오리오르〉 호텔도 개장할 예정이다. 하지만 시아란은 매년 몇 가지의 신제품만 출시하는 느린 방식을 고수할 생각이다. 새로운 디자인은 두세 가지만 추가하고 200종이 넘는 브라이언의 기존 보유 디자인에서 몇 가지를 업데이트하는 방식이다. "무리하고 싶지 않다." 그는 이렇게 말한다. 그리고 그들의 브랜드는 미국 시장을 겨냥하면서도 철저히 아일랜드 스타일로 남을 것이다. 이를 위해 오리오는 자국 인재의 교육에 많은 투자를 하고 있다. 아일랜드의 우수한 업체 다수는 기회를 찾아 해외로 진출했다.[1]

시아란과 케이티 앤은 향후 몇 년간 다른 도시에 머무를 계획이지만 뉴어리로 돌아갈 생각도 없지 않다. "우리에겐 우리만의 열정이 있다. 그리고 오리오는 우리 모두를 하나로 모으는 접착제와 같다." 케이티 앤이 말한다. 팬데믹을 계기로 이 가족은 인구가 3만 명도 안 되는 고향에서도 세계적인 브랜드를 운영할 수 있음을 깨달았다. "뭔가를 믿는다면 끝까지 밀고 나가야 한다는 교훈을 얻었다." 로지가 말한다.

(1) 직원 중 30-40명은 이 회사에서 오래 일한 경력자들이다. 〈오리오르〉는 현재 전 부문에 인재를 채용 중이며 최근 아일랜드로 이민 온 두 여성을 소파 제작 기술자로 영입했다(전통적으로 아일랜드에서는 제작 기술자가 주로 남성이었다). 처음으로 채용한 덴마크인 직원이기도 하다.

(below) 시아란은 디자이너일뿐만 아니라 아일랜드 던도크, 스웨덴 쉬리안스카 FC에서 활동한 전직 축구선수다.

(left)　다운 카운티의 시골은 팬데믹 기간에 이 가족에게 큰 영감을 주었다. 새 양탄자 컬렉션의 디자인은 자연의 색에서 가져왔다.
(above)　북아일랜드에서 제품을 생산하면서 오리오 팀은 국내의 여러 채석장을 찾아가 직접 재료를 조달할 수 있게 되었다.

IN THE STUDIO:

작업실에서:

Words
NANA BIAMAH-OFOSU

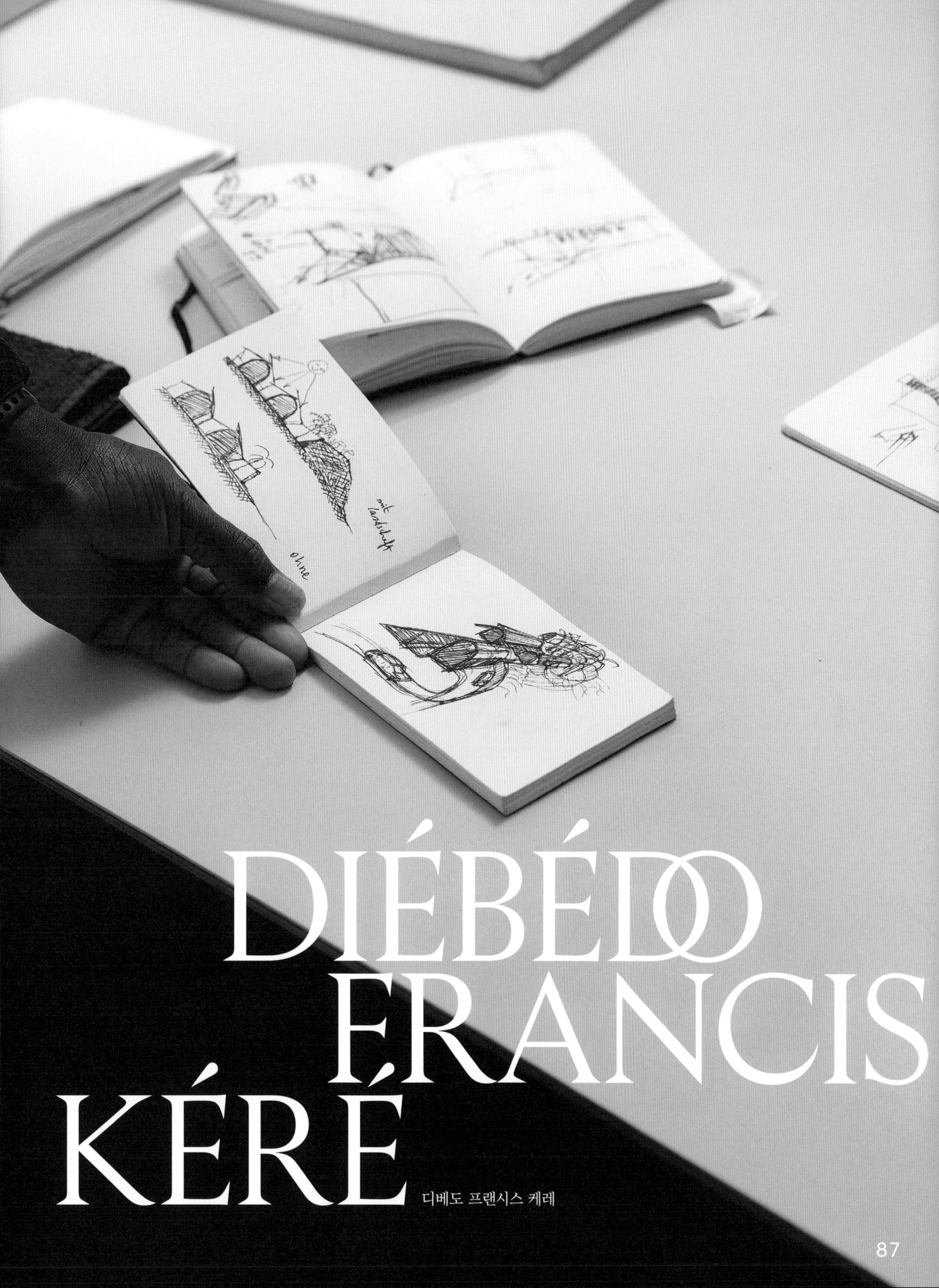

DIÉBÉDO FRANCIS KÉRÉ

디베도 프랜시스 케레

Photography
DANIEL FARÒ

디베도 프랜시스 케레가 고향인 부르키나파소 간도에 그의 첫 건물인 초등학교를 지은 지 20년이 다 되었다. 이후로 케레는 아프리카 최고의 건축가로 성장했다. 공예, 전통, 문화에 깊이 뿌리박은 그의 작품에는 사람과 지역사회에 대한 존중이 담겨 있다.

이런 특성을 인정받아 그는 2004년에 아가칸 건축 상을 수상했다. 케레는 이후 해외에서 성공적인 경력을 쌓았다. 베를린 소재의 작업실에서 부르키나파소부터 미국까지 전 세계의 프로젝트를 진행하고 있다. 간도 초등학교 이후의 주목할 만한 프로젝트로, 역시 부르키나파소에 있는 리세 쇼르주 중학교를 들 수 있다. 안뜰을 중심으로 아홉 개의 모듈로 구성된 학교 건물이 서 있는데, 자재는 주로 인근 지역에서 채취한 라테라이트 돌이며 그 내부는 유칼립투스 나무다. 2017년에 완공한 런던의 서펜타인 파빌리온Serpentine Pavilion은 투명한 처마 차양을 특징으로 하며, 그의 고향에서 모임의 장소로 쓰이던 거대한 나무에서 영감을 받았다. 2021년 봄에 착공한 베냉의 국회의사당처럼 큰 규모의 프로젝트에도 문화적 연속성과 재료의 순수성, 건축과 공예에 대한 케레의 관심이 담겨 있다. 그는 사업가일뿐 아니라 성공한 교육자로, 현재 독일 뮌헨공과대의 교수로 재직 중이다.

각각 런던과 베를린에서, 우리는 〈줌〉으로 인터뷰를 진행했다. 폭넓은 대화를 나눈 끝에 나는 이렇게 결론 내렸다. 케레에게 건축은 항상 만들기, 문화, 공동체를 의미한다고.

NANA BIAMAH-OFOSU: 당신은 간도를 '나를 키운 마을'이라고 했다. 건축에 얽힌 가장 오래된 기억은 무엇인가?

DIÉBÉDO FRANCIS KÉRÉ: 간도에서 어린 시절을 보내며 우리 집 중정에서 놀던 기억이다. 가족이 모이면 그곳에는 늘 활기가 넘쳤다. 우리는 저녁에 할머니를 중심으로 빙 둘러앉곤 했다. 할머니의 목소리와 이야기, 우리의 움직임이 편안하고 안전한 분위기를 만들었다. 내 기억에 건축은 고된 노동이기도 했다. 장마가 끝날 때마다 건물을 수리해야 했으니까. 건축에 얽힌 기억은 낭만적이면서 실용적이다.

NBO: 이런 생애 초기의 기억은 독일에서 받은 교육, 특히 마지막 학년 때의 작품인 간도 초등학교에 어떻게 구체화되었나?[1]

DFK: 나는 학생들에게 졸업 작품을 학생으로서의 마지막 작품이자 전문가로서의 첫 작품으로 생각하라고 당부한다. 졸업 작품은 많은 건축가를 규정하는 프로젝트다. 나 역시 첫 프로젝트에 현대건축 방법과 전통적 건축 기술의 관계, 기후와 날씨 문제 등 지금도 고민 중인 많은 질문을 담았다.

NBO: 이제 당신은 훨씬 규모가 크거나 국가적으로 중요한 건물을 짓는다. 당신은 사람들이 "창의력을 키우고 미래를 스스로 만들 수 있게 하는 건물"이 필요하다고 했다. 지역사회와 국가 건설에서 건축의 역할이 무엇인지 설명한다면?

DFK: 나는 공동 작업으로서의 건축에 관심이 많다. 베냉의 국회의사당 같은 프로젝트를 해내려면 한 나라를 깊이 이해하고 그 역사와 미래도 고려해야 한다.[2] 국가 차원의 프로젝트는 단순한 건물이 아닌 민주적 미래의 상징을 만드는 것이다. 건물의 형태는 우거진 나무 그늘이나 중정이 모임과 통치의 장으로 기능했던 아프리카 민주화의 역사를 참고했다. 이 프로젝트에서는 이 나라의 식민지 이전 역사를 참조하는 것이 중요했다.

NBO: 나는 항상 아프리카 대륙에서 특정 시대의 관공서 건물에 새겨진 식민지 시대의 유산에 흥미를 느꼈다. 그런 과거의 기억은 작업에 어떻게 반영하나?

DFK: 식민 권력은 마구잡이식 자원 약탈로 대륙에 심각한 피해를 주었다. 이런 현실은 건축에서 건물과 의식의 분리를 낳았다. 구조만 갖췄을 뿐 지역 문화, 전통 건축 기술, 사람은 고려되지 않았다. 그 결과 건축은 여전히 기업, 정부, 기관을 위한 것이며 보통 사람과 무관한 것이라는 인식이 남아 있다. 지금은 박물관에서 관리하는 장 프루베의 메종 트로피칼Maison Tropical에도 이런 문제가 드러난다. 프루베가 건설 현장에 지역 주민들을 참여시켰다면 그의 건물은 아프리카 대륙에 영원히 기억될 유산과 디자인을 뛰어넘는 유대감을 남겼을 것이다. 나는 지역 주민들과 상호작용할 수 있는 건물을 만드는 데 관심이 있다. 현재는 유럽 중심 세계관에서 벗어나 지역 특유의 건축양식으로 돌아가는 과도기로 볼 수 있다.

NBO: 특히 '적절한' 건축 도면이 없거나 의사소통 수단이 부족한 상황에서는 효과적인 협업을 위해 어떤 방법을 사용하나?

DFK: 간도에서처럼 지역 공동체와 함께 작업할 때는 그들 고유의 문화 기준을 존중한다. 현장에서 의사소통을 위해 실물 크기 모형도 동원한다. 모형이 훨씬 더 진짜처럼 느껴진다. 도면은 픽션에 불과하므로 한계가 있다.

(1) 케레가 간도에 학교를 세우게 된 동기는 그가 어린 시절 비교적 유복한 환경에서 자랐음을 알기 때문이었다. 그는 마을 추장의 아들로서, 또래 중 유일하게 학교에 다녔다.

(2) 케레는 국회의사당 주변에 민주주의의 상징인 대형 공원을 설계해 시민과 정치인이 같은 공간을 사용하게 했다.

(below) 부르키나파소 팔로고에 있는 리세 쇼르주 중학교의 급수탑 모형.

(right) 케레는 장벽이 무너지기 직전에 베를린으로 이주했다. 처음에는 목수로 일하면서 5년간 야간 고등학교를 다니며 졸업장을 땄다.

종이 위에 표현된 아이디어만으로 더 나은 세상을 만들 수 있다면, 온갖 거창한 계획의 대상인 아프리카는 지구상에서 가장 발전했어야 마땅하다. 따라서 우리는 다른 도구를 찾아야 한다. 모형은 심리적 존재감을 느끼게 하므로 훨씬 유용하다. 사람들은 그것을 보고, 만지고, 공간적으로 이해할 수 있다.

NBO: 당신은 건축 자재로 흙을 많이 사용한다. 건축에서 지속가능성은 어떻게 추구하는가?

DFK: 하나의 유행으로서의 지속가능성 이야기를 하느라 시간을 낭비하고 싶지는 않다.[3] 나는 그것이 사회경제, 기후 조건, 사람들의 생활 방식과 어떤 관계가 있는지에 더 관심이 있다. 지속가능성은 재료의 혁신적인 사용법을 찾는 것과도 관계가 있다. 건조한 부르키나파소에서 자생하는 유칼립투스 나무를 예로 들어보겠다. 이 나무는 성장이 빨라 비계나 장작으로 흔히 쓰인다. 우리는 그 내구성에서 엄연한 건축 자재로서의 잠재력을 보았다. 나는 항상 지속가능성을 염두에 두지만 매번 건설 현장의 상황도 같이 고려해야 한다. 지속가능한 건물은 오래가는 건물이다. 이용자를 지켜주고 즐거움과 안락함을 제공한다.

NBO: 특히 현재의 위기가 끝날 미래를 기다려야 하는 시기에 당신은 건축에서 유토피아적 이상주의를 강조한다. 그런 생각은 실제로 어떤 형태로 구현되나?

DFK: 유토피아는 건축에서 쓸모가 있다. 꿈을 꾸는 능력, 더 살기 좋고 공정한 세상을 상상하는 능력과 관계가 있기 때문이다. 베냉 국회의사당 같은 프로젝트에는 우리의 유토피아적 사고가 표현되었다. 작업 과정에서 우리는 프로젝트의 시작부터 이런 생각을 적용한다. 어떻게 하면 특정 프로젝트가 사람들에게 더 큰 소망을 품게 할 수 있을지 고민한다. 자신의 한계를 뛰어넘는 일을 하려면 유토피아적 시각이 필요하다.

NBO: '아프리카 건축'이라는 말이 종종 사람들의 입에 오르내린다. 그런 것이 실제로 존재한다고 생각하나?

DFK: 그 범위를 제한하는 것은 위험하다. 아프리카 출신 건축가로서 패턴과 형태로만 축소되는 것은 거부해야 한다. 패턴과 형태도 당연히 건축의 일부지만 같은 대륙 내에서도 지역마다 큰 차이가 있지 않나? 건축이 기후, 현지의 자원, 건축 기술, 사회경제적 상황과 어떤 관계를 맺고 있는지 살펴 현장에서 그 특성을 판단해야 한다. 물론 나는 아프리카 대륙의 건축, 사람들에게 영감을 주고 이 대륙에 대한 긍정적인 인상을 주는 건축이 있다고 믿는다. 아프리카 대륙의 건축은 소박하고 효율적이며 사람을 중심에 둔다.

(3) 지속가능성에 대한 케레의 접근법은 특정 기법이나 재료의 사용을 금지하는 방식이 아니다. 그는 현지에서 조달한 자재의 이용과 건물의 자체 냉방 기능 강화 등을 똑같이 중요하게 고려해야 한다고 믿는다.

Words
MICHELLE DEL REY

Cloistered behind ancient walls and crammed with a catalog of curios, an interior designer's Santo Domingo home is an autobiography writ from ruins.

오래된 외관 뒤에 온갖 수집품을 감추고 있는 인테리어 디자이너의 집.
산토 도밍고에 있는 이 주택은 폐허에 써내려간 그녀의 자서전이다.

Home Tour:
PATRICIA REID BAQUERO

정원에는 석류와 배가 가득하고 난초와 생강꽃이 만발했다. 야외 테이블에는 파인애플 장식품이 놓여 있다.

이 정원이 품고 있는 집은 인테리어 디자이너 패트리시아 라이드 바케로의 보금자리다. 산토도밍고의 콜로니얼 존에 자리 잡은 열대의 오아시스. 콜로니얼 존은 라소나La Zona라고도 하는, 이 도시에서 가장 오래된 지역이다. 아침이면 앵무새 노랫소리로 시끌벅적해진다.

도미니카의 수도에서 성장한 라이드 바케로는 어머니와 함께 동네를 거닐며 도미노 게임을 하는 사람들, 보헤미안 화가들, 거리를 점령한 종교 행렬을 구경하는 것이 좋았다. 그래서 1980년에 이 집을 발견한 그녀는 조금도 망설이지 않았다. 당시에는 집이라기보다 다목적 공방으로 쓰이던 곳이었다. "이 집에 50-60명이나 살고 있었다. 폐허나 다름없었다." 라이드 바케로가 회상한다. 라이드 바케로는 건축가인 아버지인 윌리엄 라이드, 오빠 카를로스와 함께 이 집에 16세기의 영광을 되찾아주기로 결심했다. 이 프로젝트는 10년이 걸렸다. 1991년에야 라이드 바케로는 남편, 두 딸과 함께 이곳으로 이사할 수 있었다.

집으로 다가가면, 베란다의 아치가 드러나면서 손님들을 지금은 주거 공간으로 쓰이는 옛날 마차 차고로 안내한다. 따뜻한 오렌지색과 베이지색으로 꾸며진 이 방에는 라이드 바케로가 10대 때부터 수집한 성인상과 도자기 화분이 진열되어 있다.

다이닝룸은 가족을 위한 공간이다. 식탁은 라이드 바케로가 태어난 후 그녀의 아버지가 심은 나무를 깎아서 만들었다. 아버지의 요청에 따라 그녀는 그것을 가족의 일요일 만찬 때 사용한다. 라이드 바케로의 기억에 따르면 이 집에서의 첫 가족 모임 때 그녀는 르네상스 천사상을 놓고 손님들의 머리 위로 여러 개의 조명을 늘어뜨려 장식했다. 의자는 원래 쓰던 것들이다. 모양이 제각각이지만 모두 사연을 간직한 물건들이다. "이 집으로 이사 올 때 가구나 장식품은 하나도 사지 않았다. 전부터 늘 수집했기 때문이다." 그녀가 말한다.

라이드 베케로는 어쩌다 인테리어 디자인을 접하고 인근 대학에 등록하러 갔지만 대부분의 과정에 정원이 다 찬 상태였다. 결국 장학금을 받고 멕시코에서 전시 디자인을, 스페인에서 미술사와 민족 예술을 공부했다. 그녀의 수준 높은 디자인은 이런 배경에서 비롯되었다. 그녀는 벼룩시장

Photography
VICTOR STONEM

과 해외여행에서 새로운 보물을 구해, 온갖 장식품과 골동품으로 집을 채웠다. 파키스탄에서 가져온 시타르와 영국의 건축 프린트가 벽을 장식하고 있다. 어떤 물건은 깨지거나 퇴색했지만 라이드 바케로는 바꿀 생각이 없다. "오히려 특색 있지 않나?" 그녀가 말한다.

1973년 인테리어 디자인 회사를 차린 이후로 라이드 바케로는 국내외를 넘나들며 활동했다. 가수 훌리오 이글레시아스와 작고한 도미니카계 패션 디자이너 오스카 델라 렌타도 한때 그녀의 고객이었다. 델라 렌타는 그녀의 가족과 가까운 친구였으며 이 집에 무척 감탄했다고 라이드 바케로는 말한다. "오스카가 꼭 가보라고 권해서 이 집에 찾아온 사람이 적지 않다." 그녀가 말한다. 라이드 바케로는 자신의 집을 마음 내키는 대로 꾸미지만 클라이언트가 의뢰한 작업에서는 계획을 착실히 따른다. 그럼에도 항상 동상이나 골동품 의자 등으로 그녀만의 특색을 입힌다.

기회가 찾아오자 라이드 바케로는 바로 옆집을 매수해 두 집을 합쳤다. 정원을 구획하던 오래된 담장이 지금은 통로로 바뀌었다. 두 딸을 위한 수영장을 만들고 낡은 칸막이가 차지하고 있던 주방을 바비큐장으로 개조했다. 그녀는 장래에 누가 이 집에 살게 될지 궁금하다. "내가 이 집을 소유하고 있다기보다 관리하고 있는 기분이다." 그녀가 말한다.

콜로니얼 존을 둘러싼 동네는 크리스토퍼 콜럼버스의 동생 바르톨로뮤가 도시를 건설한 1496년으로 거슬러 올라간다. 라이드 바케로가 500년도 넘은 벽에 페인트칠을 주저하는 이유는 그 때문이다. 건축 과정에서 새 구조물을 추가할 때 그녀는 건축양식이 쉽게 구별되도록 현대적으로 지어야 한다고 주장했다. 이 지역은 최근에 재생 중이다. 새 이웃이 이사를 오고 개발 업자들이 성공 기회를 노리고 있다. 오래된 건물들을 훼손하지 않는 한 그녀는 개의치 않는다. "사람이 살 만한 곳이 되어야 한다고 생각한다." 그녀가 말한다. "도시가 박물관이 되는 건 원치 않는다."

라이드 바케로는 다양한 요소를 아우르는 그녀의 스타일이 대부분 지금은 고인이 된 부모님의 영향이라고 말한다. 집 곳곳에 특히 아버지를 생각나게 하는 요소가 가득하다. 잔디밭 한구석에서 집을 굽어보는 비슷한 키의 나무 두 그루는 그녀를 애상에 빠뜨린다. 라이드 바케로는 종종 하늘을 향해 뻗은 나무들을 바라보며 지금도 그 나무들이 그녀를 아버지와 이어주고 있다고 상상한다.

"사람이 살 만한 곳이 되어야 한다고 생각한다.
도시가 박물관이 되는 건 원치 않는다."

(above) 적도에 가까워 온난하고 강우량이 풍부한 도미니카 공화국은 열대식물이 자라기에 부족함이 없는 환경이다.
(right) 이 집에는 그리스도교 성화, 고대 조각상, 중국 도자기 등 다양한 장식품이 가득하다.

(left)
산토 도밍고에 위치한 라이드 바케로의 집 거실.

Mediterranean moments, handed to you on a plate.

지중해의 순간들을 접시에 담아.

102

TABLE READ

식탁 위의 볼거리

Ceramics
LAURENCE LEENAERT
& LRNCE STUDIO
Photography
CHRISTIAN
MØLLER ANDERSEN

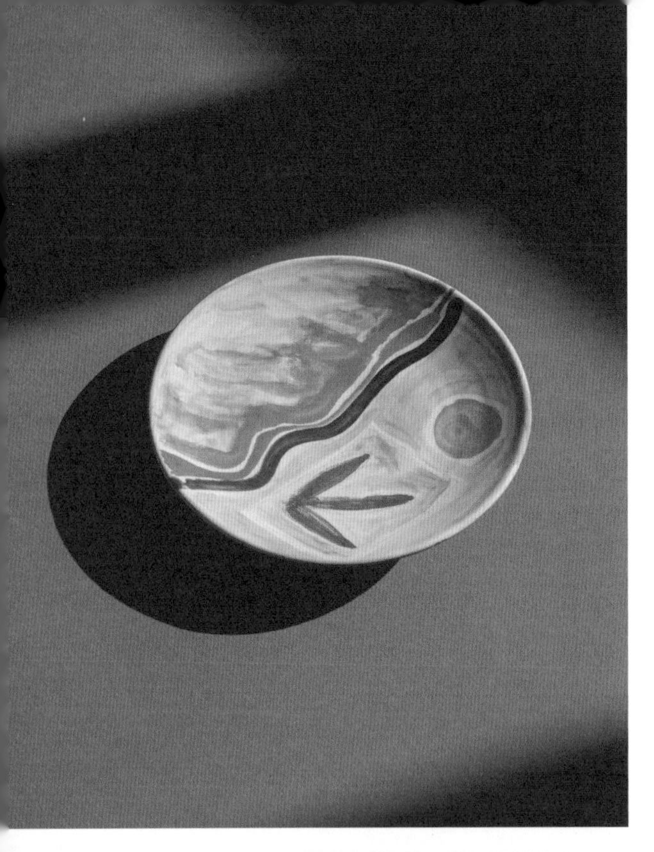

(above) 벨기에 출신 섬유 디자이너 로렌스 리나에르가 모로코에 설립한 스튜디오 〈LRNCE〉가 『킨포크』를 위해 제작한 꽃병과 항아리.

(left) 리나에르는 해변에서 영감을 얻어 이 꽃병과 접시의 무늬를 그렸다.

(below)	리나에르는 도자기에 밑그림을 그리지 않고 문양을 바로 그려 넣는다.
(right)	『킨포크』의 의뢰로 특별 제작한 이 도자기 시리즈를 리나에르는 마라케시에서 빚고 구웠다.

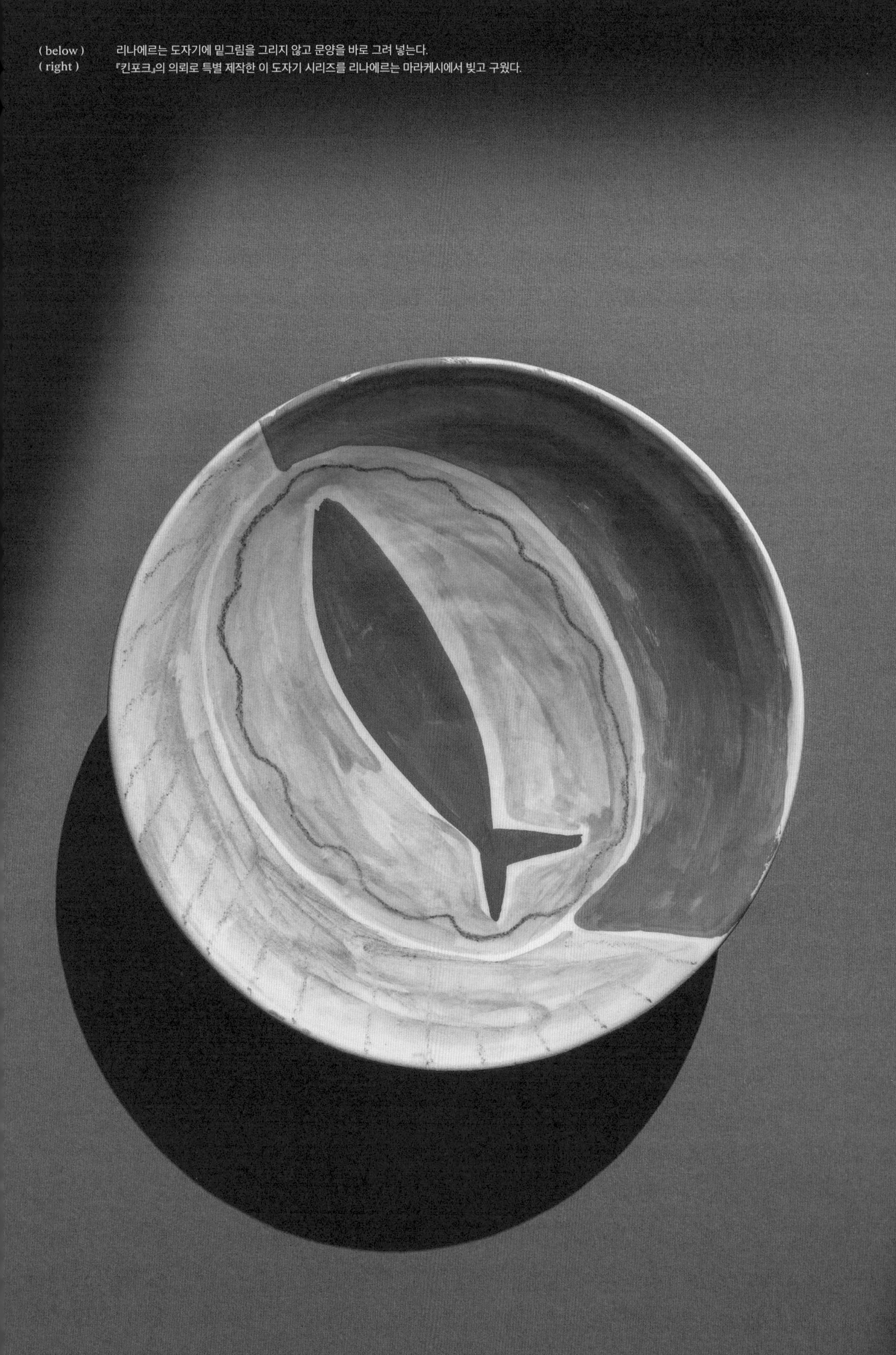

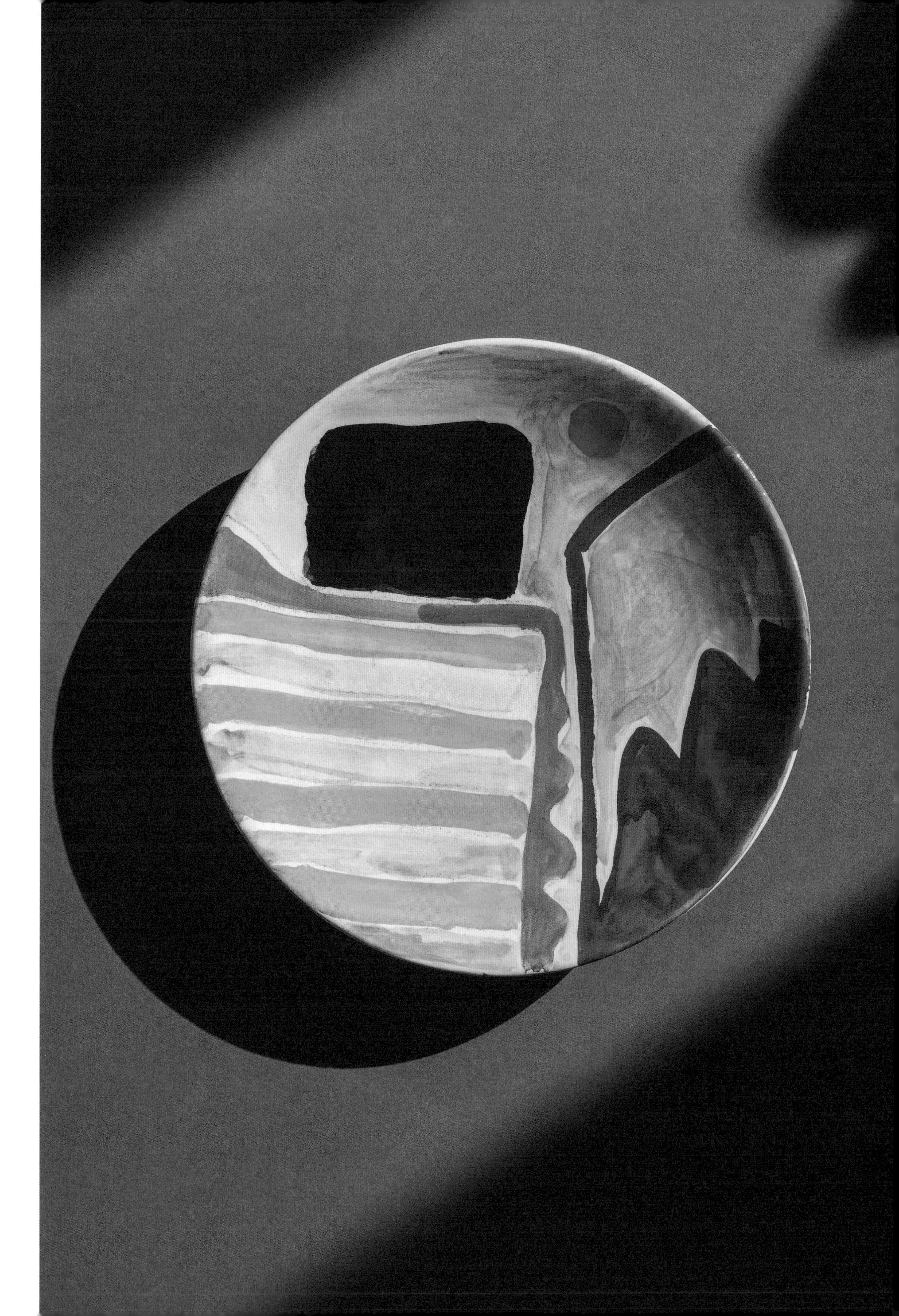

In an excerpt from our new book, Kinfolk Travel, winemaker Maher Harb takes us on a tour from grape to glass at his mountainside vineyard.

곧 출간될 「킨포크 트래블」의 일부를 발췌한 이번 기사에서,
와인 제조자 마허 하브는 산비탈 포도원에서 포도알이 와인이 되기까지의 여정에 우리를 초대한다.

Extract: IN THE VINEYARDS OF LEBANON

발췌 기사: 레바논의 포도원에서

Words
LINA MOUNZER

Photography
BACHAR SROUR

〈셉트〉 주조장은 레바논의 유서 깊은 해안 도시 바트로운의 고산지대에 자리 잡고 있다. 구불구불한 산길을 따라가면 한쪽에는 떡갈나무가 늘어서 있고 다른 한쪽으로는 푸른 계곡이 훤히 내려다보이는 주조장이 모습을 드러낸다. 상쾌하면서 약간 건조한 공기는 백리향, 세이지, 오레가노 등 야생 허브의 향기를 가득 품고 있다. 지저귀는 새소리와 귀뚜라미 울음소리가 생기를 더한다. 이런 환경은 레바논 유일의 바이오다이나믹 와이너리를 운영하는 마허 하버가 토종 포도를 재배해 내추럴 와인을 주조하기에 완벽한 조건이다.

하브는 레바논의 포도밭에서 얻을 수 있는 포도의 독특한 가치와 특성을 최대한 살리는 데 열정을 쏟고 있다. 이런 테루아의 잠재력을 믿는 지역 와인 메이커가 하브 혼자만은 아니다. 어쨌든 이곳은 오래전부터 포도주를 생산해온 지역 가운데 하나다. 작은 나라인 레바논은 무려 56개의 와이너리를 자랑한다. 15년에 걸친 내전이 끝난 1990년에는 다섯 개에 불과했음을 감안하면 실로 놀라운 숫자다. 대부분은 베카 계곡의 고지대 평원에 위치한다. 그곳에 가면 〈샤토 크사라〉(1857년 예수회 수도사들이 설립한 레바논에서 가장 오래되고 큰 와이너리)나 비교적 최근에 생긴 〈샤토 마르시아스〉에 들렀다가 포도주의 신 바커스를 모신 거대한 신전을 비롯한 바알베크 로마 유적지를 방문할 수 있다.

하지만 레바논의 와인 제조는 로마보다 더 일찍부터 시작되었다. 역사 기록에 따르면 페니키아인들은 무려 기원전 2500년부터 이집트로 와인을 수출했다. 틀림없이 레바논의 토종 포도 품종으로 주조한 와인이었을 것이다. 현대 레바논의 고급 와이너리들이 다시 대중화하려는 것이 바로 이 품종이다. 오래된 와이너리는 대부분 카베르네 쇼비뇽, 베를로, 생소 같은 프랑스 품종을 사용하는 반면, 신생 와이너리는 걸쭉한 오바이데흐와 상큼한 감귤류 향이 나는 메르와흐 등 레바논의 토종 청포도를 사용한다. 샤토 케프라야의 파브리스 기베르토 같은 주조업자들은 더 나아가 이제는 쓰이지 않는 아스와드 카레흐와 아스미 누아르 등 토종 적포도 품종을 되살리기 위해 노력 중이다.

(below)
셉트에서는 포도 덩굴 사이사이로 들꽃이 자란다.
그중 식용 꽃은 테라스에서 제공되는 요리에 들어간다.

작은 나라 치고 레바논의 와인은 종류가 꽤 많다. 대부분 전 세계 소매점이나 온라인 쇼핑몰에서 구입할 수 있다. 샘플링에 관심 있는 감정가는 미헬 카람의 책 「레바논의 와인Wines of Lebanon」을 참고하여 구매하는 것이 좋다. 하지만 역시 와인에 생명을 불어넣은 테루아를 즐기며 와인을 맛볼 수 있는 와이너리를 직접 방문하는 것이 최고다. 〈셉트〉 주조장에서 마허 하브가 제공하는 서비스처럼 포도알이 유리잔에 담기기까지의 과정 전체를 가이드와 함께 따라가볼 수 있다면 더할 나위 없다.

〈셉트〉를 찾아가고 싶다면 베이루트에서 자동차를 렌트하거나 택시를 전세로 빌리는 것이 최선이다. 하브는 집에 어떤 손님이 찾아와도 똑같이 환대한다. 계단식 농장으로 함께 이동해 포도나무 아래 얼룩덜룩한 햇살 속에서 그것들을 어떻게 재배하는지 설명해준다. 배가 고프면 손수 요리도 해준다. 신선한 제철 재료로 만든 지중해 식단에 '레바논 느낌'을 가미한 음식이다. 식탁에는 종종 그가 포도원 주변에서 구한 야생 아스파라거스, 리크, 햇마늘의 여린 새싹도 올라온다. 탁 트인 하늘 아래 펼쳐진 푸르른 산마루, 지중해가 한눈에 내려다보이는 나무 테이블에 그는 진수성찬을 차려낸다. 초록 언덕은 구름을 뚫고 바다까지 쭉 이어진다. 수평선과 만나는 곳에서 바다는 반짝반짝 빛난다. 물론 음식과 잘 어울리는 다양한 와인도 빠지지 않는다. 하브는 자신의 와인을 맛본 사람들이 "산, 레바논, 테루아"를 만

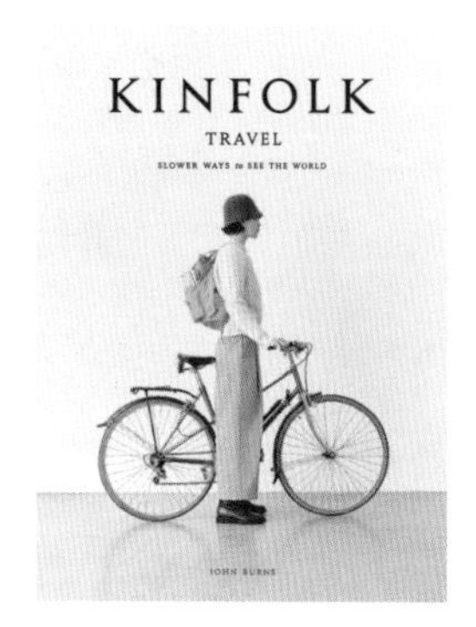

(above)
이 기사는 출간을 앞둔 「킨포크 트래블」에서 일부 내용을 발췌했다.
Kinfolk.com에서 사전 주문할 수 있고,
11월부터는 전 세계의 서점에서 구입할 수 있다.

끽하고 돌아가기를 바란다.

〈셉트〉는 하브의 열정이 빚어낸 프로젝트로, 사업이라기보다 소명에 가깝다. 자신의 브랜드에 담긴 개성을 강조하기 위해 많은 사업가들이 입버릇처럼 하는 말이긴 하지만 하브의 포도원 운영 철학은 그의 인생 철학과 일치한다. 그는 돈벌이는 되지만 영혼 없이 하던 일을 버리고 프랑스에서 돌아와 아버지가 남긴 농장을 일구기 시작했다. 그의 아버지는 레바논 내전 중에 돌아가셨다.

이 땅으로 돌아온 것은 그에게 치유의 과정이었다. 그 보답으로 그는 땅을 치유하는 농법을 실천한다. 여느 바이오다이나믹 주조인들처럼 그는 사람의 일정에 맞춰 나무가 서둘러 열매를 맺도록 화학물질을 사용하기보다 땅의 리듬에 맞춰 음력에 따라 농사를 짓는다. 그는 포도나무에 살충제를 뿌리지 않으며, 와인에 첨가물을 넣지 않고 내추럴 와인을 만든다.

레바논은 최근에 힘든 시기를 겪고 있다. 2019년 10월의 반란으로 생긴 잠깐의 희망은 코로나19 팬데믹이 가속화한 경제 붕괴에 굴복했다. 화폐 가치는 급락했고 많은 사람들이 먹고살기조차 힘들어졌다. 2020년 8월 베이루트 항구에서는 2,000톤이 넘는(1,814미터톤) 방치된 질산암모늄에 불이 붙어 역사상 가장 큰 규모의 폭발이 일어났다. 많은 레바논 사람들이 그렇듯 하브도 이런 연이은 충격에 휘청댔지만 복구와 재정비를 위해 분투하고 있다.

하지만 이 모든 일을 겪으면서도 그는 행성과 음력 주기에 따라 파종과 수확을 반복하며 의연히 와이너리를 지켰다. 땅과 더불어 그의 주조장도 끊임없이 진화하고 있다.

밀물과 썰물을 관장하는 강력한 힘은 그의 계단식 농장에서 자라는 섬세한 껍질 속 포도 한 알 한 알에도 같은 자력을 발휘할 것이다. 그리고 지금 이 나라에 닥친, 극복하기 어려워 보이는 힘겨운 현실도 이 땅의 심오한 역사 앞에서는 잠깐의 혼란에 불과할 것이다. 레바논은 페니키아, 로마, 오스만 등 제국의 흥망성쇠에서부터 도시 전체를 쓸어버리고 해안선까지 바꾼 지진에 이르기까지 온갖 격변을 거쳐온 나라다. 레바논을 방문하면 자연이 순환한다는 교훈을 눈으로 확인할 수 있다. 시간이 지나면 모든 역경은 결국 역사를 비옥하게 하는 거름이 된다. 이 모든 조건이 하브가 와인 한 병 한 병마다 담기기를 바라는 풍성한 테루아를 구성한다.

"레바논의 와인 주조는 로마보다 더 일찍부터 시작되었다."

113 — 176

이탈리아의 카우보이, 수색과 구조, 베이루트의 등대, 세 코스 정식, 모로코의 영화관

A SUNNY GUIDE TO THE LAND THAT HUGS THE SEA.

바다를 품은 땅으로 인도하는 쨍쨍한 안내서.

지중해

근 5만 킬로미터의 지중해 해안은 22개국이 공유하고 있기에 어느 한 장소나 인물은 지중해식 생활을 대표할 수 없다. 그래서 우리는 튀니스부터 토스카나, 모로코, 마요르카까지 자유로이 이동하며 지역사회의 중심을 지키는 예술가, 요리사, 카우보이를 만났다.

(ITALY)

THE COWBOYS OF TUSCANY.

토스카나의 카우보이.

이탈리아의 거친 마렘마 평원에서,
몇 안 되는 카우보이들은 번개 같은 속도로
소떼를 우리에 몰아넣는다.

Words LAURA RYSMAN
Photos ANDY MASSACCESI

마렘마Maremma라 불리는 투스카니 최남단 지역은 여전히 거친 황무지다. 세상에 이 지역의 이미지를 대변하는 조각 같은 사이프러스 나무 기둥과 정갈한 르네상스식 저택 너머에는 고립된 문명사회들이 띄엄띄엄 존재한다. 마을과 마을 사이의 삼림과 습지마다 풀과 나무가 무시무시하게 우거져 있어, 가장 강인한 존재 이외에는 살아가기 어려운 곳이다. 황야가 바다를 만나는 험준한 초원은 가슴이 떡 벌어지고 뿔이 현악기 리라 모양으로 구부러진, 이 지역 토종 소 마렘마나를 먹여 기른다. 오늘날 법정 보호종이 된 이 품종은 고대 에트루리아 농경시대부터 이어진 전통에 따라 '부테리 butteri'라 불리는 마렘마 현지 목동들의 손에 보호받고 있다.

"이 일은 오랜 세월 면면히 이어지고 있다." 〈테누타 디 알베레제〉 목장의 부테로인 스테파노 파빈이 말한다. 이곳은 지금까지 마렘마나 목동을 쓰는 몇 안 되는 목장 중 하나다. "하지만 요즘은 부테리의 자질을 갖춘 이를 찾아보기 어렵다." 파빈이 설명한다. "동물을 자기보다 더 아껴야 한다. 일이라고만 여기지 않고 부테리 생활 자체를 사랑해야 한다. 그렇지 않으면 너무 힘들 테니까."

파빈은 고된 노동에 이력이 났다. 아침 7시가 되기 전에 말에 올라타 주 6일, 하루 5시간 탁 트인 들판을 전속력으로 달린다. 휴일에도, 비가 쏟아지거나 매섭게 추운 날에도 쉬는 법이 없다. 42.5제곱킬로미터 면적의 〈테누타 디 알베레제〉는 중세 망루와 우산소나무가 드문드문 서 있는 원시 지형의 목장이다. 파빈은 이곳에 흩어진 마렘마나 400마리와 말 40마리를 같은 조에 속하는 세 명의 부테로 동료와 함께 날마다 이동시키고 보살핀다. 목동들은 우리가 친구를 알아보듯 동물 한 마리 한 마리를 구분한다. "하루도 빠짐없이 만나기 때문이다." 파빈이 말한다.

부테리는 소떼를 날마다 목초지로 몰고 가 풀을 먹인다. 봄이면 갓 태어난 새끼에게 꼬리표를 달고 사나운 말을 길들인다. 말 등에서 숱하게 떨어질 수밖에 없는 거칠고 힘든 일이다.

파빈의 몸은 세찬 바람을 맞으며 자란 나무처럼 구부정하다. 쉰다섯인 그는 부테리 인생 34년 동안 갈비뼈가 세 번, 다리가 한 번 부러졌다. 척추 연골은 다 닳았고, 연갈색 머리칼은 지난 몇 년 사이 빛바랜 회색이 되었다. 그럼에도 그는 이제 코앞에 닥친, 일반적인 퇴직 연령이 훌쩍 넘도록 말을 계속 타고 싶다고 말한다.

"우리 삶이 고달프기만 하다고는 생각지 않는다." 파빈이 미소를 지으며 말한다. "특히나 올해처럼 다들 아파트에 갇혀 지내는 시기에 날마다 들판에 나가 말을 탈 수 있으니 얼마나 좋은가. 우리는 세상 누구보다 복 받은 사람들이다."

파빈을 비롯한 부테리들이 타는 마렘마나 말은 흑갈색의 키가 큰 토종이다. 튼튼한 다리로 가시투성이 늪지대를 헤치고 지나가고 넓은 몸통으로 목동의 다리를 안정감 있게 받쳐준다. 생가죽 냄새가 진동하는 작은 헛간에 부테리는 수십 개의 마렘마나 안장을 보관한다. 커다란 야구 장갑처럼 하나하나 꼼꼼히 바느질하고 내부에 말총을 덧댄 안장은 장시간 일하는 기수들의 피로를 덜어준다. 헛간 벽에는 망아지를 길들이는 용도로 쓰이는 타르 입힌 기다란 밧줄과 층층나무를 깎아 갈고리를 연결한 운치노uncino 지팡이가 매달려 있다. 한구석에는 가죽 부츠와 밀랍을 입힌 면 우비도 걸려 있다. 지역 장인이나 부테리의 어머니들이 손수 만든 물건들이다.

수제 장비는 이 전통이 근근이 유지되고 있다는 증거라 할 수 있다. 유럽연합은 차세대 부테리를 양성하는 과정에 예산을 지원하고 있다. (그 성비에 변화가 생겨 최근에는 지원자 11명 가운데 9명이 여성이었다.)[1] 토스카나 지방정부는 이 전통을 이어가기 위해 1979년에 〈테누타 디 알베레제〉의 운영권을 인수했다. 1천 킬로그램 이상으로 자라는 거대한 소는 한때 짐을 나르는 짐승으로 이용되었다. 농기계가 등장한 이후로는 유기농 소고기용으로 사육되었지만, 대체로 나이가 들 때까지 이 광활한 마렘마 목초지를 자유롭게 누빈다.

〈테누타 디 알베레제〉는 방문객을 환영한다. 부테리를 동반하여 들판을 질주할 수 있는 유일한 곳이지만 파빈은 이렇게 경고한다. "관광객도 우리의 작업 일정을 똑같이 따를 각오를 해야 한다." 아침 6시 30분에 집결해 점심시간까지 말을 타야 한다는 뜻이다. 다리가 아파도 봐주지 않는다. 동물이 우선이기 때문이다.

미국 카우보이가 정복의 상징이라면 마렘마의 부테로는 투스카나의 소떼와 그 반 야생 상태를 유지하는 데 없어서는 안 될 광야의 수호자이다. 도시의 안락함보다 변화무쌍한 목가적 풍경을 선호하는 이들에게는 힘들긴 해도 분명히 보람 있는 삶의 방식일 것이다.

"인생에서 행복해지기란 쉽지 않다. 균형 감각을 찾는 것이 늘 문제다." 파빈의 파란 눈이 사색에 잠긴 듯 망연해졌다. "하지만 나 홀로 이 경이로운 자연을 지켜보고 있으면 모든 것이 평화로워지는 순간이 찾아온다."

(1) 토스카나 지방정부의 2개월짜리 직업훈련 과정 '부테리의 재발견'은 2019년부터 시작되었다. 이 힘겨운 훈련에 여성들을 적극 모집한 것은 처음이었다.

"일이라고만 여기지 않고 부테리 생활 자체를 사랑해야 한다. 그렇지 않으면 너무 힘들 테니까."

(previous) 사람들이 인식하는 토스카나의 이미지는 상당히 좋지만 마렘마는 여전히 이탈리아에서 관광객이 가장 적은 지역에 속한다.
(left) 매립된 습지에 형성된 이 들판이 바로 부테리의 일터다. 오랫동안 사람이 살 수 없었기 때문에 매우 궁벽한 지역이다.

(below) 부테리는 험한 지형에서 초목과 곤충으로부터 몸을 보호하기 위해 가죽 바지를 입는다.
(right) 마렘마나 말은 수많은 세대를 거치며 개량되어 악천후와 거친 땅에 적응하는 능력이 뛰어나다.

(left)
마렘마 지역에는 여러 지중해 국가에서 흔히 볼 수 있는 독특한
실루엣의 우산소나무가 종종 눈에 띈다.

(right) 부테리는 운치노를 이용해 소몰이를 한다. 길고 가는 막대기는 말에서 내리지 않은 채 문을 닫는 데에도 쓰인다.
(overleaf) 마렘마 황소의 뿔은 현악기 리라 모양이며, 암소의 뿔은 초승달 모양이다.

특히나 올해처럼 다들 아파트에 갇혀 지내는 시기에는."

도라 달릴라 체피는 튀니지의 수도에서 이름을 알리고 자신의 보금자리도 만들어가는 중이다.
Words LAYLI FOROUDI Photos YOANN CIMIER

(TUNISIA)

AN ARTIST IN TUNIS.

튀니지의 예술가.

도라 달릴라 체피는 회화, 영화, 조각을 아우르는 자신의 예술을 배움의 과정으로 여긴다. 핀란드와 튀니지 출신 부모를 둔 이 예술가는 헬싱키에서 성장하면서 여름마다 산업, 항구도시 스팍스의 아버지 쪽 친척들을 방문할 때만 튀니지를 경험했다. 그러던 2018년, 스물여덟 살로 미대를 졸업하면서 체피는 튀니스로 이주했다. 그녀는 아버지의 나라에서 살고 싶었다. 튀니지에는 성공의 기회가 많지 않다고 생각한 그녀의 아버지는 처음에는 그 결정을 달가워하지 않았다.

하지만 체피는 이곳에서 승승장구하기 시작했다. 예술적 탐구의 일환으로 기존 재료와 미감을 뒤섞고 뒤집었으며, 세즈난 도자기와 회화 작품에서는 튀니지의 풍경을 강렬한 색으로 재해석한 그림을 그렸다.

우리는 바르 라즈레그의 자갈길에서 조금 떨어진 그녀의 작업실에 앉아 살구와 멜론, 리코타 치즈와 올리브 오일에 담근 빵으로 아침 식사를 하면서 이야기를 나눴다. 이곳은 노동자 계층이 모여 사는 튀니스 북부의 조용한 동네다. 작업실 한쪽 벽에는 커다란 그림이, 반대쪽 벽에는 밝은 녹색 의상이 걸려 있다. 친구에게 입혀 춤추는 모습을 촬영할 계획이라고 한다. 둘 다 2022년 초에 현지의 현대미술관 B7L9에서 개최될 그녀의 개인전에서 선보일 예정이다.

LAYLI FOROUDI: 이 식탁보에 당신 그림의 주제가 담긴 것 같다.

DORA DALILA CHEFFI: 아침 식사 시간은 내가 하루 중 가장 좋아하는 시간이다. 아침을 먹는 둥 마는 둥 하면 하루를 망치게 된다. 괴상한 모양으로 잘린 멜론 조각, 빨강과 초록의 올리브 등 알록달록한 색상과 다양한 접시, 소품이 어우러져 귀여운 분위기를 만든다. 하지만 아침을 먹고 나서 바로 스튜디오로 향하기 때문에 아침 식사가 그림의 소재가 됐는지도 모른다. 그냥 "방금 아침도 먹었겠다, 음식이나 한번 그려볼까" 이랬는지도.

(above)　체피의 작업실은 실험적인 예술 공간 B7L9에 있다. 그녀는 내년에 그곳에서 개인전을 열 계획이다.

liquitex
HEAVY
BODY
ACRYLIC

3 INTERLUDES
ORIGINAL WORKS
FOR PIANO
HATA
HATA

(left)
체피의 주방에 음식을 주제로 한 그녀의 그림이 걸려 있다.

LF: 당신이 튀니스에 처음 정착할 무렵부터 다룬 소재다. 친숙한 대상이었기 때문일까?

DDC: 물론이다. 그저 그림을 그리는 순간에 내게 익숙하고 의미 있는 소재를 가져온 것뿐이다. 이제 나도 이 나라에 오래 살았고 아침 식사는 내 삶의 일부가 되었지만 매일 같은 길을 걷더라도 매번 같은 것만 보라는 법은 없다. 그런데도 다들 내게 아침 식사 그림만 기대하는 것 같아 짜증이 난다. 앞으로 나아가는 것이 중요한데.

LF: 당신은 어떤 방향으로 나아가고 있거나, 나아가고 싶나?

DDC: 첫째는 풍경 시리즈였다. 사물과 건물을 내 눈에 보이는 그대로 소박하게 그리는 거다. 그리움의 대상이라고나 할까? 다음으로는 사람을 좀 더 많이 그리기 시작했다. 친구를 좀 사귀었기 때문이지만 한창 좋은 시기가 지나가면 어색한 관계가 되기도 하더라.

LF: 과거에는 사진과 도예 쪽 작품이 더 많았다. 그림을 그리려고 튀니스에 왔나?

DDC: 가족 없이 홀로 이 도시와 친해지고 싶었다. '제3의 문화권에서 온 아이' 같은 다큐멘터리를 찍겠다는 생각도 있었다. 사람들을 인터뷰하고 다녔다. 우연히 만난 한 남자는 뿌리는 튀니지였지만 아랍어가 서툴렀다. 지금은 유마Yuma가 부른 튀니지 노래 「니기르 알릭Nghir Alik」의 가사를 알아들을 수 있다며 울컥하더라.

LF: 당신에게도 비슷한 정서를 불러일으키는 노래가 있나?

DDC: 자라면서 노상 튀니지의 백파이프인 미즈위드 음악을 들었다. 처음 튀니지에 왔더니 사람들이 나더러 아주 이상한 아랍어 단어와 표현을 쓴다고 했다. 아무래도 그런 노래에서 아랍어를 배운 탓인가 보다. 술 취했을 때 듣는 슬픈 노래들이라 울음과 비탄, 실연에 대한 내용 일색이다. 아버지는 그것들을 아주 형편없고 너무 감상적인 음악이라 여겼다.

LF: 곧 있을 전시회에 대해 소개해달라.

DDC: 가제는 「3오크바 리크3okba lik」인데, 아마 많이 들어본 표현일 것이다. 학업의 성공을 기원하는 덕담의 일종인데, 공부가 끝나고 나면 결혼에 대한 덕담이 된다. "결혼해서 행복을 누리기를." 좋은 뜻이긴 한데 그게 내가 원하는 행복이 아니라면 어쩌라고?

LF: 벽에 걸린 이 그림은 상당히 화사하고 행복한 분위기다.

DDC: 내 친구의 임신 사진을 소재로 그렸는데 재밌는 작업이었다. 비욘세는 성모 마리아처럼 연출한 임신 사진을 찍었는데 미혼의 임신부를 그렇게 인식하는 경우는 좀처럼 없다. 그래서 내가 제안했다. 너도 거룩한 분위기를 연출해 아기를 세상에 데려오는 일을 축하하자고. 결혼식은 요란하고 불쾌한 행사지만 나는 그런 분위기에도 조금은 멋이 있다고 생각한다. 내 전시회도 우스꽝스러운 결혼식 피로연처럼 보이길 바란다.

LF: 튀니스가 당신의 작업 스타일에 영향을 주었다고 생각하나?

DDC: 내가 핀란드에만 머물렀더라면 사정이 많이 달라졌을 거라 생각한다. 튀니지의 빛은 정말 특별하다. 모든 것을 풍요롭게 보이게 한다. 하지만 이곳 예술가들은 흑백이나 어두운 색을 주로 쓴다. 반면에 그토록 춥고 칙칙한 핀란드에서는 과감하고 다채로운 색이 많이 쓰인다. 역시 남의 떡이 항상 더 커 보이는 모양이다.

"튀니지의 빛은 정말 특별하다."

(BALEARICS)

TILE MAKING IN MALLORCA.

마요르카의 타일 회사.

비엘 우게트는 알록달록한 시멘트로 섬의 역사를 기록한다.
Words BAYA SIMONS
Photos MARINA DENISOVA

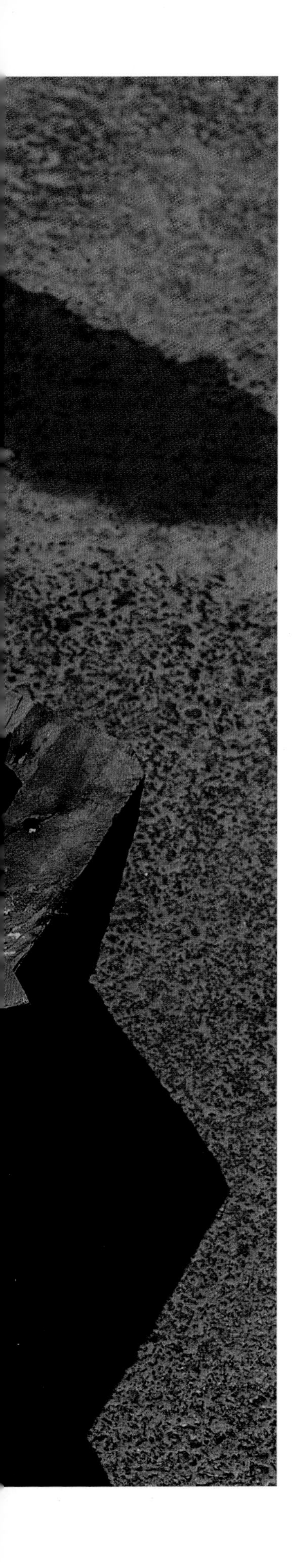

1992년 바르셀로나 올림픽은 스페인 앞바다 발레아루스 제도에 속한 도시 마요르카의 운명을 바꾸었다. 활기를 잃었던 섬(유럽과 북아프리카의 중간 지점)은 올림픽 이전 수십 년 동안 값싼 햇볕을 찾아 떼 지어 몰려온 영국 피서객으로 몸살을 앓았다. 관광객이 급증하면서 전통적인 마요르카 건축물은 허물어지고 현대적인 호텔과 별장이 들어섰다.[1]

하지만 바르셀로나 올림픽을 보러 온 관광객들은 달랐다. 이슬람식 건축물, 특색 있는 요리, 어디서나 눈에 띄는 가우디의 환상적인 영향 등 카탈루냐 문화의 매력에 감탄했다. 관광객은 이 모든 관심을 충족하기 위해 결국 도시에서 가장 가까운 섬인 마요르카로 향했다. "그들은 일종의 토스카나를 원했다." 타일 제조 회사 〈우게트Huguet〉의 사장 비엘 우게트가 회상한다. "'집을 갖고 싶지만 80-90년대에 지은 허접한 건물은 별로다. 전통적인 건축재를 원한다. 지중해풍이면 좋겠다.' 그것이 그들의 요구 사항이었다."

〈우게트〉의 성장과 쇠락, 새로운 성장은 이 섬의 발전 주기와 함께한다. 비엘의 할아버지가 1933년에 설립한 이 회사는 유색 액체 시멘트를 금형으로 압출하는 전통적인 방식으로 시멘트 타일을 생산한다. 〈우게트〉는 내구성을 가지면서도 섬세한 문양을 담아낼 수 있는 이 기술을 이용해 1850년대부터 타일을 만든 카탈루냐 장인 집안의 자랑거리다. 타일 공예의 역사는 실제로 고대 이집트까지 수천 년을 거슬러 올라간다. 뜨거운 기후의 고대 이집트에서는 타일의 냉각 효과 덕분에 처음으로 지붕이 아닌 내장재로 인기를 끌게 되었다. "마요르카는 이런 종류의 건축물 또는 건축 자재를 생산한 역사가 길다. 우리의 뿌리는 카탈루냐와 아랍 문화는 물론 멀리 로마까지 거슬러 올라간다." 비엘이 말한다. 그는 타일 제작 기술이 본질적으로 지중해에서 유래했다고 믿는다. "날씨, 태양, 빛, 색상, 재료, 생활 방식 등의 환경에 오랜 세월에 걸쳐 적응한 결과물이다."

1960년대에 이 업계는 큰 타격을 받았다. 당시 카탈루냐의 유명 시인으로 사업을 병행하던 비엘의 아버지는 전통 타일 생산을 중단하고 섬 곳곳에 들어서는 호텔과 별장에 대량으로 필요한 시멘트 기둥과 벽돌로 사업 방향을 틀었다. 비엘에 따르면 관광업이 호황을 누리기 전에는 비슷한 타일 공장이 100개쯤은 있었다. "마요르카의 마을 사이에는 대부분 도로가 없었기 때문에 마을마다 타일을 자체 생산했다. 그러다 60-80년대에 모두 폐업하거나 업종을 변경했다. 90년대에는 타일을 만드는 사람이 작은 마을에 딱 한 명 남았다. 700년이나 변함없던 상황이 20년 만에 싹 바뀌었다." 1997년에 회사를 물려받은 비엘은 사업의 뿌리를 되찾고 싶었다. "전통 건축과 현지 시장에 주력할 생각이었다."

그는 전통적인 타일 제작 기법에 현대 디자인을 접목할 방법을 모색하기 시작했다. 이제 이 회사는 은은한 파스텔 톤, 커다란 기하학적 패턴이 담긴 현대적인 디자인과, 대담한 색상과 복잡한 무늬 등 전통적인 디자인에 대한 수요를 모두 충족시킬 수 있는 시멘트 타일을 만들어낸다. 〈우게트〉는 믿을 만한 제작 공정을 담은 동영상을 공개하며 인스타그램을 홍보 수단으로 영리하게 이용했다. 연한 레몬색 시멘트를 날카로운 기하학 형태의 틀에 붓는 영상은 수만 회의 조회 수를 기록했다.

〈우게트〉는 건축의 거장들에게 협업의 대상으로 선택받았다. 프리츠커Pritzker 상을 수상한 스위스 회사 〈헤르초크 앤 드뫼롱Herzog & de Meuron〉은 종종 〈우게트〉의 삼각형 타일을 이용해 바닥과 벽에 갈라진 땅의 초현실적인 모습을 연출하며, 영국 건축가 데이비드 치퍼필드는 런던의 상징적인 백화점 〈셀프리지〉 리모델링을 위해 맞춤형 테라초 주추와 벽 외장재를 〈우게트〉에 의뢰했다. 건축가와 디자이너들이 〈우게트〉를 찾는 이유는 유서 깊은 전통 기술을 지키면서도 신선한 디자인을 추구하기 때문이다. "사람들은 할머니 스타일에는 관심을 보이지 않는다." 그가 말한다. "기술은 매우 흥미롭다. 뿌리, 배경, 역사, 솜씨도 매우 중요하다. 하지만 기술이든 디자인이든 업데이트가 필요하다."

〈우게트〉의 과제는 높은 수준의 기술을 유지하기 위해, 그리고 21세기에 마요르카 사람으로 산다는 것이 무엇을 의미하는지 보여주기 위해 혁신을 지속하고 디자인을 단장하는 것이다. "그렇지 않으면 〈이케아〉가 모든 것을 잠식하게 된다. 우리에게는 뿌리와 정체성이 있다. 그것을 세상과 나눠야만 살아남을 수 있다고 생각한다. 나는 세상의 문화와 건축이 조금 더 풍요로워지기를 바란다."

(1) 대중 관광은 여전히 마요르카의 근심거리다. 2017년에는 비행기가 팔마 데 마요르카 공항을 90초마다 한 대 꼴로 거쳐 갔다. 2019년에는 이 섬에 1180만 명의 방문객이 몰려와 100만 명도 안 되는 현지인의 생활에 불편을 초래하고 물가를 크게 상승시켰다.

(right)
비엘 우게트는 우게트 일가의 가업을 3대째 이어가고 있다.

(above) 〈우게트〉가 스페인 건축가 카르메 피노스와의 협업으로 생산한 다채로운 타일.
(right) 〈우게트〉는 1933년부터 마요르카 남동부 캄포스라는 작은 시골 마을의 공장에서 제품을 생산한다.

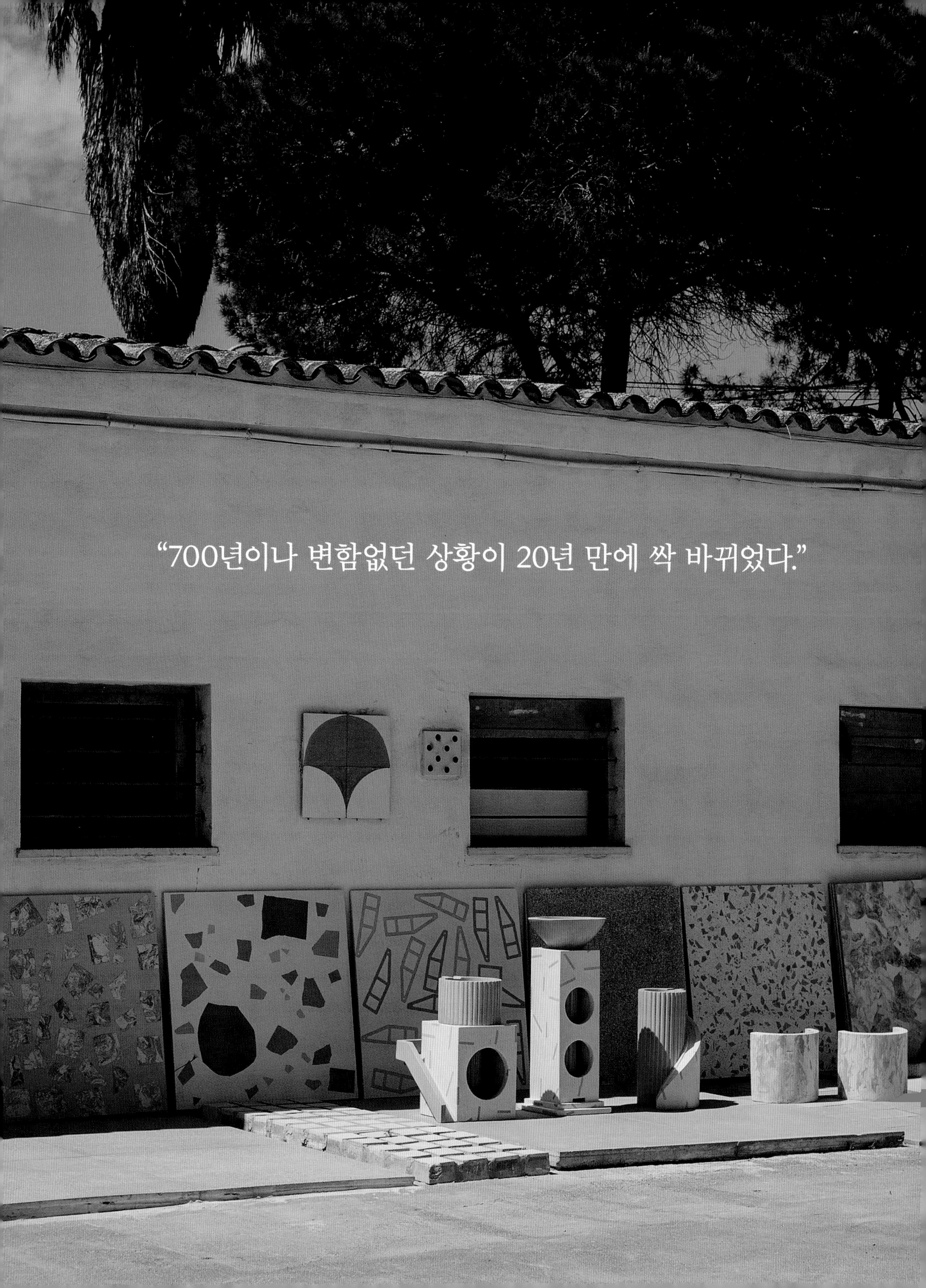

"700년이나 변함없던 상황이 20년 만에 싹 바뀌었다."

NGO 시워치의 올리비아 슈필리가 우리가 잘 모르는 지중해의 현실을 자세히 설명한다.
Words STEPHANIE D'ARC TAYLOR

(EUROPE)

A DESPERATE CROSSING.

필사의 횡단.

Left Photograph: Laila Sieber. Previous Photograph: Martina Bjorn

"정치인들 말마따나 탈출 행렬은 줄어들 기미가 보이지 않는다."

지난 10년 사이 지중해는 전 세계인이 더 나은 삶을 찾아 유럽으로 진입하는 경로가 되었다. 특히 지중해 횡단을 준비하는 지점인 리비아와 튀니지에서 약자들은 여행을 도와주겠다며 돈을 뜯는 브로커들과 공권력에 끔찍한 학대, 착취, 고통을 당하고 있다. 유럽을 비롯한 전 세계는 2014년 이후 지중해에서 사망한 것으로 공식 집계된 2만 명 이상의 난민을 못 본 척했다. 실제 사망자는 훨씬 많을 수 있다.

독일의 NGO 시워치Sea-Watch는 부끄러운 무관심의 바다에 꿋꿋이 도움의 손길을 내밀고 있다. 2014년에 설립된 이래로 이 단체는 바다를 건너기에는 부실하기 짝이 없는 보트에서 3만8천 명 이상을 구조했다. 시워치의 구조대원 올리비아 슈필리는 배에 올라 세 차례의 구조 임무를 수행했다.

STEPHANIE D'ARC TAYLOR: 당신이 첫 번째 임무를 마친 이후 지중해의 상황은 어떻게 바뀌었나?

OLIVIA SPILI: 지금은 구조 주기에 많은 변화가 생겼다. 첫 미션 때 우리는 한 번의 구조 작업으로 65명을 우리 배에 옮겨 태웠다. 마지막 미션 때는 72시간에 걸쳐 여섯 번의 구조 작업으로 466명을 구했다.

SDT: 난민 문제가 언론에 정확하게 보도되고 있나?

OS: 정치인들 말마따나 탈출 행렬은 줄어들 기미가 보이지 않는다. 나는 2021년 1-6월 사이에 이미 2만7천 명이 유럽에 들어왔다고 본다. 하지만 도착한 사람의 수는 셀 수 있어도 리비아나 튀니지 해안에서 몇 명이 출발했는지 알아낼 방법은 없다는 것이 문제다. 그 숫자에는 아직 큰 물음표가 달려 있다. 국제이주기구에 따르면 올해만 해도 지중해에서 773명이 사망하거나 실종됐다. 작년에는 290명이었다. 그렇다면 이미 작년보다 세 배나 많다는 뜻이다. 이 숫자는 투명하지도 정확하지도 않다. 정부나 기구는 그것을 노린다. 정확한 숫자는 알려고도 하지 않는다.

SDT: 가장 흔한 오해는 무엇인가?

OS: 이 여정이 어렵지 않을 거라는 지레짐작이다. 유럽인들은 아프리카 사람들이 보트 여행이라도 나선 줄 안다. 하지만 현실은 절대 그렇지 않다. 내가 만난 사람들은 실제로 보트에 오르기까지 평균 4-6년을 기다렸다. 폭행과 고문, 납치를 당하고 몸값을 갈취당한다. 더구나 바다는 무시무시한 곳이다. 첫 미션 때 우리는 보트를 찾는 데만 몇 시간이 걸렸다. 바다 한가운데서는 내가 너무나 작아지는 기분이었다. 게다가 나는 GPS 추적 장치가 있는 안전한 배를 타고 있었기 때문에 방향을 잃을 리도 없었다. 작은 파도가 덮쳐도 수평선은 보이지 않는다. 안개가 조금만 껴도 헤매기 십상이다. 최후의 선택지가 아니라면 한 어머니가 아이의 목숨을 걸고 보트에 오를 리는 없을 거라 생각한다.

SDT: 구조에서 가장 확신을 잃게 되는 순간이 있다면?

OS: 구조 때마다 그런 순간이 있다. 첫 미션에서 보트를 발견한 나는 이런 생각을 했다. '무슨 말을 해야 할까? 어떻게 하면 저들이 나를 믿고 내 지시에 따르게 할 수 있을까?' 그들이 기뻐서 펄쩍펄쩍 뛰기라도 하면 보트가 뒤집힐 수도 있다. 그들이 나를 신뢰하고 귀 기울이게 해야 한다. 모두가 안전하게 우리 배에 옮겨 타기 전까지는 절대 끝난 게 아니다.

SDT: 당신에게 가장 큰 감동의 순간은 언제였나?

OS: 두 번째와 세 번째 임무를 수행하면서 수백 명을 구했다. 첫 미션에서는 65명을 우리 배에 태워 8일간 함께 생활해야 했다. 그래서 우리는 서로를 일대일로 알게 되었다. 한 남자가 내게 리비아에서 어떤 일을 겪었는지 들려주다가 어느 순간 "당신 마음을 아프게 하고 싶지 않으니 여기서 그만해야겠어요"라고 했다. 나는 이런 생각이 들었다. '우리가 안 지 사흘밖에 안 됐는데 어찌 당신은 내 마음이 아플 걸 걱정할까? 지옥을 겪은 건 당신인데.'

SDT: 임무를 수행할 때 가장 힘든 점은 무엇인가?

OS: 입국이 가장 힘들다. 배 위에서는 사람들의 이야기를 듣고, 치료를 해줄 수 있다. 의사도 있고, 먹을 것도 있다. 하지만 육지에서는 상황이 다르다. 배에서 내릴 때 가장 많이 받는 질문은 "내가 학교에 다닐 수 있을까요?"다. 나는 그들이 상상하는 것과는 전혀 다른 세상으로 그들을 내보내야 한다. 제도가 제대로 갖춰져 있지 않기 때문에 대부분은 난민 자격을 인정받지 못한다. 자기 나라로 송환되거나 유럽에서 밀입국자로 살아야 하는데 누구도 그런 삶을 기대하지는 않았을 것이다. 그래서 배에서 내리는 사람들을 지켜볼 때가 가장 힘들다. 기대가 충족되지 못해 그들이 다시 상처받을 것임을 잘 알기 때문이다.

SDT: 봉사자로서 시워치로 자꾸만 돌아오게 되는 이유는 무엇인가?

OS: 마지막 미션 때 시칠리아에서 배에 탄 사람들을 하선시키고 있는데 한 남자가 자신을 인간적으로 대해줘서 고맙다고 인사했다. 다 큰 어른이 오로지 자신을 인간답게 대해줬다는 이유로 고마워한다는 것은 뭔가 근본적으로 잘못됐다는 뜻이다. 우리가 이 일을 하는 이유는 그것이다. 시워치의 활동이 해결책이 될 수 있을지는 모르지만 그 일부라고 믿고 싶다.

(1) 슈필리는 최근에 이 단체의 시워치 4호에서 구조 임무를 수행했다. 첫 임무 때 시워치 4호는 바다에서 조난당한 350명 이상을 안전하게 구조했다.

(left) 시워치의 구조대원 올리비아 슈필리는 지중해에서 수색과 구조 작업에 세 차례 참여했다. 이번 섹션에서는 주로 지중해의 이상적인 모습이 소개되었지만, 우리는 같은 해안에서 벌어지는 참혹한 현실도 외면해서는 안 된다고 생각했다.

(LEBANON)

THE LIGHTHOUSE KEEPER OF BEIRUT.

베이루트의 등대지기.

빅토르 셰블리는 폭풍, 전쟁, 세 차례의 납치를 겪으면서도 가족의 빛나는 유산을 지켜냈다.

Words SABINA LLEWELLYN-DAVIES
Photos BACHAR SROUR

바다를 마주보는 베이루트의 언덕에는 오래된 마나라manara(등대를 뜻하는 아랍어)가 우뚝 서 있다. 이 25미터 높이의 흑백 줄무늬 탑이 위치한 지역의 명칭도 등대에서 따왔다. 이 나라에서 150년 이상 등대지기로 살아온 집안의 빅토르 셰블리 역시 레바논의 과거를 환히 밝히는 데 헌신하고 있다. 이 등대는 역사 유적일 뿐 아니라 국가의 재건을 찬양하는 기념물로서, 개인이 도시의 유산을 보존하는 데 어떤 주도적인 역할을 할 수 있는지를 보여준다.

SABINA LLEWELLYN-DAVIES: 어릴 때 등대 안에서 사는 것은 모든 아이들의 소망일 것 같다. 당신은 어땠나?

VICTOR CHEBLI: 나는 이곳에서 태어났다. 보다시피 등대의 부속 건물이 우리 가족의 집이다. 베이루트 해안가에 위치한 곳이라 섬에 나가 있는 등대지기들과 달리 고립감을 느낀 적은 없다. 이곳에는 늘 많은 일이 일어난다. 물론 항상 쉬운 일만 있는 건 아니다. 어릴 때 나는 등대에 연료로 쓸 등유를 나르는 등 허드렛일도 도와야 했다. 고된 일이었다. 1952년에는 베이루트 앞바다에서 프랑스 선박 샹폴리옹이 침몰했다. 등불을 밝히지 않아 사고가 일어났다는 이유로 아버지가 구속되었다. 당시에 나는 어린 꼬마였다. 아버지는 감옥에 갇혔지만 다행히 무죄가 입증되어 석 달 후에 석방되었다. 같은 해에 프랑스는 등대 조사팀을 파견하더니, 그 후 좀 더 현대적인 시설을 짓자고 제안했다. 우리는 1957년에 새 시설로 이사했다.

SLD: 꼭대기까지 계단 300칸을 직접 올라와보니, 자동화 이전에는 등대 관리가 얼마나 힘들었을지 짐작이 된다. 1950년대에는 일상적인 관리에 어떤 변화가 생겼나?

VC: 새 등대로 이사했더니 새 기계와 전기 설비가 마련되어 있었다. 아주 진보적인 설비였다. 아마 그 지역에서 최신식이었을 것이다. 승강기가 설치되어 더 이상 장비를 들고 계단을 오르내릴 필요가 없었다. 등대가 전기로 작동했기에 등유도 필요치 않았다. 관리가 훨씬 쉬워진 것이다. 하지만 꼭두새벽에 일어나 동 틀 녘에 불을 끄고 해 질 녘부터 해안가의 배들을 안내하기 위해 등대로 돌아가는 아버지의 생활에는 변화가 없었다. 나도 지금까지 하루도 거르지 않고 그렇게 하고 있다.

SLD: 부친은 당신이 등대 관리하는 일을 물려받기를 바랐나?

VC: 셰블리 가족은 19세기 후반 오스만 제국 때 처음으로 등대가 세워진 이래 150년 넘게 베이루트로 오는 배를 안내하는 일을 했다. 그렇다 보니 아버지도 그것을 바랐다. 나는 아버지가 은퇴한 1973년에 이 일을 이어받았다.

SLD: 당신이 등대지기가 된 직후, 레바논은 15년간 내전을 겪었다. 베이루트 주민 수천 명이 다른 곳으로 쫓겨났다. 그곳에 남아 등대를 지키기가 힘들지 않았나?

VC: 전쟁은 1975년에 시작되었다. 힘든 시기였다. 나는 세 번 납치되었고 우리가 사는 건물은 총과 폭탄을 여러 번 맞았다. 1990년에 휴전하기까지 안전상의 이유로 등대를 꺼놓았지만 엔진이 녹슬지 않도록 낮에는 켜두어야 했다. 우리는 등대를 버리고 떠난 적이 없다. 나는 집을 최대한 수리했고 네 아이를 데리고 지하실에 숨어 살며 평화가 돌아오기를 기다렸다.

SLD: 등대나 베이루트를 떠날 생각, 또는 다른 나라로 이민을 가고 싶다는 생각을 한 적은 없나?

VC: 우리 가족은 베이루트에서 200년을 살았다. 등대처럼 우리 집도 심하게 부서졌지만 매번 다시 지었다. 베이루트는 내가 태어난 곳이자 죽을 곳이다. 지금은 내 아들 조지프와 레이먼드가 날마다 등대 정비를 돕고 있다. 내가 은퇴하면 둘이 내 일을 물려받을 것이다.

SLD: 일흔 둘인 당신은 아마도 세계 최고령 등대지기일 것이다. 감회가 어떤가?

VC: 그런가? 그럴지도 모르겠다. 사실 별로 생각해보지 않았다. 다른 일을 한다는 건 상상도 할 수 없다.

(left) 프레넬 렌즈는 유리 프리즘으로 빛을 굴절, 반사해 하나의 강력한 빛줄기를 만든다.

(below) 베이루트의 오래된 등대에서 바다를 바라보는 전망이 새로 지은 고층 건물에 가려졌다.

(RECIPES)

A MEDITERRANEAN SUPPER.

지중해의 만찬.

아니사 헬루의 주방에서 가져온 네 가지 새콤한 레시피.

Words ANISSA HELOU
Photos LAUREN BAMFORD
Food Styling STEPHANIE STAMATIS

ZA'LOUQ잘루크
토마토 고수 잎 소스와 찐 가지

이 맛난 모로코식 샐러드는 양을 두 배로 늘리면 채식 주요리로도 손색이 없다. 고수 잎 대신 파슬리를 써서 맛에 변화를 줄 수도 있다.

가지 400g (중간 크기 2개)
마늘 3쪽
껍질을 벗긴 이탈리아 플럼 토마토 1캔(800g)
엑스트라버진 올리브 오일 1/3 컵
신선한 고수 잎 한 다발, 줄기를 제거하고 곱게 다진다.
커민 가루 1/2 작은술
레몬즙 1/2개분, 또는 취향에 따라
파프리카 1/4 작은술
빻은 고추 1/4 작은술
천일염, 취향에 따라

가지 껍질을 세로로 벗겨 얇은 속껍질만 남긴다. 길이대로 4등분한 다음 약 1cm 두께로 썬다.

가지 조각과 껍질 벗긴 마늘을 완전히 물러질 때까지 30분간 찐다. 그 사이 토마토 통조림의 물기를 빼고(국물은 따로 보관) 씨를 제거한 다음 굵게 썬다.

달군 팬에 기름을 두른다. 토마토, 고수, 커민을 넣고 고루 섞는다. 물기가 날아가고 소스가 걸쭉해질 때까지 가끔 저어주면서 중불에서 약 15분간 익힌다.

가지와 마늘이 다 익으면 포크나 포테이토 매셔로 으깬다. (가지가 너무 흐물흐물해질 수 있으므로 믹서는 사용하지 않는다.)

토마토소스에 으깬 가지와 마늘을 넣고 레몬즙, 파프리카, 빻은 고추, 소금을 넣는다. 잘 섞은 다음 약한 불에서 가끔 저으면서 부드러우면서도 빽빽한 질감이 될 때까지 15분쯤 더 끓인다. 맛을 보면서 간을 한다. 상온으로 식혀서 낸다.

L'HAM M'CHERMEL리함 미헤르멜
올리브와 레몬 절임을 곁들인 양고기 타진

모로코의 길거리 음식을 맛보고 싶다면 마라케시의 제마 엘 프나에 가야 한다. 저녁 모임의 성지가 되기 전에 이곳은 국영 버스 터미널이었다. 여느 터미널처럼 수많은 노점상이 영양식이나 군것질거리를 찾아온 여행자의 입맛을 충족시키던 곳이었다. 버스 정류장은 현 위치인 밥 투칼라로 이전했지만 상인들은 제마 엘 프나에 남으면서 이곳은 관광명소로 거듭났다. 광장을 산책하면서 음식을 만드는 요리사들의 모습을 지켜보는 것은 꽤 흥미롭다. 올리브와 레몬 절임을 곁들인 타진은 가게마다 메뉴에서 빠지는 법이 없지만 보통은 주재료로 닭고기를 쓴다. 길거리에서 소스와 따로 삶은 닭은 샛노란 색이다(삶을 때 들어가는 강황 때문일 것이다). 노점에서 쓰는 소스는 허브를 넣지 않으므로 훨씬 간단하다. 다음은 가정이나 고급 레스토랑에 적용할 수 있는 조리법이다.

마늘 1쪽, 잘게 다진다
생강가루 1/2작은술
커민 1/4작은술
파프리카 1/4작은술
사프란 한 꼬집, 으깬 천일염, 곱게 간 흑후추
양 다리 4개(총 2kg)
중간 크기 양파 2개, 얇게 채썬다
싱싱한 이탈리아 파슬리 1/2다발, 줄기는 제거하고 아주 곱게 다진다
싱싱한 고수 잎 1/2다발, 줄기는 제거하고 아주 곱게 다진다
계피 스틱 1개
엑스트라버진 올리브 오일 2큰술
버터 2큰술
레몬즙 1/2개 분량, 또는 취향에 따라
레몬 절임 큰 것 1개를 껍질만 벗겨 길이대로 가늘게 채썬다
녹색 또는 보라색 올리브 1컵

마늘, 생강가루, 커민, 파프리카, 사프란, 천일염 조금, 후추 1/4작은술을 대형 무쇠 냄비에 담고 잘 섞는다.

양 다리를 넣어 양념을 잘 묻힌다. 양파, 파슬리, 고수 잎을 넣는다. 내용물이 살짝 잠길 정도로 물을 붓고(약 5컵) 계피 스틱을 넣는다. 중불로 끓이다가 오일과 버터를 추가한다. 뚜껑을 덮은 뒤 고기가 다 익고 국물이 졸아들 때까지 1시간 정도 끓인다.

접시에 양 다리를 꺼내놓고 따뜻하게 유지한다. 계피 스틱은 버린다. 불을 중약불로 줄여 소스를 뭉근하게 끓인 다음 양파가 뭉개질 때까지 15분간 끓이며 저어준다.

레몬즙, 레몬 절임 껍질, 올리브를 넣는다. 양 다리를 다시 냄비에 넣고 소스를 잘 묻힌다. 몇 분 더 끓인다. 소스의 맛을 보며 간을 조절한다. 다리를 접시에 옮긴다. 소스를 골고루 붓고 맛있는 빵을 곁들여 뜨거울 때 낸다.

KHIZU M'QALLIYA키주 미칼리야
파슬리를 뿌린 사프란 당근 찜

사프란 넉넉하게 한 꼬집
엑스트라버진 올리브 오일 1/4컵
잘게 다진 마늘 3쪽
미니 당근 700g, 껍질을 벗기거나 깨끗이 문질러 씻는다
싱싱한 이탈리안 파슬리 1/4다발. 줄기를 제거하고 잘게 다진다
곱게 간 흑후추 1/2작은술
천일염, 취향에 따라

사프란을 1/2컵의 물에 30분간 담가둔다.

중간 크기의 냄비에 나머지 재료를 섞는다. 사프란 우린 물을 넣고 중불에 올린다. 끓으면 뚜껑을 덮고 가끔씩 저어주면서 당근이 물렁해지고 소스가 졸아들 때까지 10분간 끓인다. 뜨겁게, 미지근하게, 또는 상온으로 낸다.

QA'B EL-GH'ZAL카브 엘 기잘
가젤 뿔

가젤 뿔이라고도 하는 카브 엘 기잘은 가정에서는 좀처럼 만들지 않는 음식이다. 주로 과자류를 전문적으로 만드는 여성들에게 사 먹을 수 있다. 언젠가 나는 마라케시의 허름한 빵집에서 기막힌 카브 엘 기잘을 발견했다. 너무 맛있어서 날마다 몇 개씩 산 다음 옆 카페로 가져가 모닝 민트 차와 함께 먹었다. 웨이터는 가젤 뿔은 일반적으로 오후에 차와 함께 즐기거나 풍성한 만찬(디파diffa라고 한다)의 마지막에 먹는 음식이라며 내 아침 식사를 못마땅하게 여겼다. 이 레시피는 내가 아주 맛있게 먹은 가젤 뿔을 만든 여자가 알려주었다. 나는 아무리 애를 써도 그녀처럼 반죽을 얇게 밀어 입에 살살 녹는 질감을 얻을 수는 없었다.

속 재료: 약 40개 분량
데친 아몬드 5컵
제과용 설탕 1과 1/2컵
등화수(오렌지 꽃에서 채취한 향료 - 옮긴이) 1/4컵
무염 버터 2큰술, 부드럽게 녹인다.
유향나무 가루 1/2작은술(선택 재료)

페이스트리 재료
중력분 2컵
무염 버터 2큰술, 부드럽게 녹인다
페이스트리 작업용 연화 버터 조금

속 재료 만들기: 아몬드를 끓는 물에 15-20분간 담갔다가 물기를 빼고 잘 말린다.

아몬드와 제과용 설탕을 믹서에 부어 입자가 아주 곱고 끈적한 반죽 상태가 될 때까지 간다(여러 번 나누어 갈아야 할 수도 있다). 믹싱 볼에 옮겨 담는다. 등화수, 연화 버터, 유향나무 가루를 넣고 손으로 섞어 균질한 반죽을 만든다. 아몬드 페이스트에 깨끗한 천을 덮어 따로 보관한다.

페이스트리 만들기: 오븐을 200℃로 예열한다. 얕은 믹싱볼에 밀가루를 넣고 중간에 구멍을 판다. 녹인 버터를 구멍에 붓고 물 2/3컵을 서서히 부으며 손가락으로 섞는다. 반죽이 빵보다 약간 묽은 농도가 될 때까지 몇 분간 치댄다.

아몬드 페이스트를 40조각으로 나눈다. 각각을 동그랗게 굴려 끝으로 갈수록 가늘어지는 10cm 길이로 빚는다.

페이스트리 보드, 밀대, 손에 녹인 버터를 바른다. 반죽 한 조각을 한두 번 뒤집어가며 밀대로 밀어 약 10cm 너비로 얇게 편다. 반죽을 손으로 조심스레 늘려 더 얇게 편 다음 한쪽 가장자리에서 약 2cm 위치에 아몬드 페이스트 덩어리를 놓는다. 아몬드 페이스트를 반죽으로 단단히 감싸고 속 재료를 위, 으로 누르면서 구부려 얇은 삼각형의 초승 모양으로 빚는다. 반죽의 가장자리를 꾹 누 고 톱니가 있는 페이스트리 휠을 이용해 승달 모양으로 자른다. 초승달은 길이가 10cm, 너비가 3cm이어야 한다. 가는 바늘 양면을 몇 군데 찔러 들러붙지 않는 구이판 놓는다. 양피지를 깔아도 된다.

나머지 반죽 조각으로 같은 과정을 반 해 초승달 20개를 만든다. 색이 거의 나지 을 때까지 10분가량 굽는다.

한 판을 굽는 사이 가젤 뿔을 계속 빚 같은 방식으로 굽는다. (반죽이 조금 남을 있지만, 속 재료는 남지 않아야 한다. 남는 면 반죽을 충분히 얇게 펴지 않았다는 뜻 다.) 페이스트리를 식혀서 낸다. 밀폐 용기 담아 일주일 이상 보관할 수 있다.

Daphnis

(GREECE)

AN HERB SHOP IN ATHENS.

아테네의 허브 가게.

허브 전문가 에반겔리아 쿠우초불류는
그리스의 식용 풀에 와인과 치즈만큼 정성을 다한다.
Words SARAH SOULI Photos CHRIS KONTOS

“시골 할머니들은 인근에서 자라는 야생초를 열 가지 이상 알고 있다.”

에반겔리아 쿠우초불류는 아테네 네오스 코즈모스 지역의 햇살 가득한 길모퉁이에 2013년부터 〈다프니스 앤 클로이Daphnis and Chloe〉의 사무실, 실험실, 시음실을 마련했다. 〈다프니스 앤 클로이〉는 그리스의 황홀한 향기를 담기 시작한 허브 회사이다. 원래 그리스 중부 출신인 쿠우초불류는 전국의 유기농 농민들과 손잡고 지속가능한 농업 방식으로 토종 허브를 소량씩 재배한다. 대도시 외곽에 사는 여느 그리스인처럼 쿠우초불류는 야생 백리향, 오레가노, 산에서 나온 차 등 갓 딴 허브를 먹고 마시며 자랐다. 하지만 성인이 된 후 여행을 다니면서 그리스의 도회지와 유럽의 다른 나라에 사는 사람들은 대부분 오래된 말린 허브로 요리를 한다는 사실을 알게 되었다.

이 가게는 사랑과 인내의 결과물이다. 다양한 자연 조건을 지닌 그리스의 산지와 수많은 섬에는 수백 가지의 허브가 자란다. 〈다프니스 앤 클로이〉는 지역별 인기 상품(크레타섬의 디터니, 알모피아의 고춧가루, 에게해의 오레가노)을 꼼꼼하게 선별한다. 봄의 끝자락에 찾아온 어느 고요한 아침에 쿠우초불류는 그리스의 여름 냄새, 허브의 효능, 지속가능한 수렵 채집인이 되는 방법에 대해 들려주었다.

SARAH SOULI: 먼저 허브의 의미에 대해 이야기해보자. 당신이 가장 먼저 접한 허브는 무엇이었나?

EVANGELIA KOUTSOVOULOU: 단언하건대 오레가노다. 어릴 때 우리는 여름 내내 산속을 쏘다니거나 작은 마을 밖, 길가에 오레가노가 자라는 작은 집에서 시간을 보냈다. 오레가노는 어디서나 볼 수 있는 야생초다. 마을에서 농사를 짓던 어떤 할머니는 따다가 말린 오레가노를 동네 사람들에게 팔아 용돈벌이를 했다.

SS: 그리스에 600종이 넘는 고유 식물이 있다니 참 반갑다. 그리스 내에서도 허브 종류마다 요구하는 지리적 환경이 다를 것 같은데?

EK: 각 지역마다 분포하는 허브의 종류가 다르다. 하지만 향기로운 허브 중에는 생명력이 강해 어디서든 잘 자라는 종류가 많다. 이를 테면 산에서 사는 풀을 바닷가에 심을 수는 없지만 그리스에서 가져간 오레가노를 프랑스의 발코니에서 키울 수는 있다. 다만 환경에 직접 영향을 받는 향미 프로필은 바뀔 것이다. 서로 다른 지역에서 생산된 소비뇽 블랑을 마신다고 해보자. 포도의 품종은 같아도 같은 와인은 아니다. 허브도 꽤 비슷하다. 오레가노는 주변의 자연에서 많은 것을 얻어 풍미를 형성한다. 고유 식물이나 지역 품종은 오랜 세월에 걸쳐 어떤 특성을 갖게 되므로 맛을 똑같이 복제할 수는 없다. 토마토도 마찬가지다. 북유럽 토마토에는 아무 맛도 안 난다고 불평하는 사람이 많다. 그리스에 처음 온 사람들은 여기 음식은 뭐든지 맛있다고들 하지만 요리 자체는 매우 단순하고 별로 세련되지 못하다. 좋은 재료의 덕을 볼 뿐이다.

SS: 그런 특성이 그리스 일대의 요리 스타일에 영향을 주나?

EK: 일부는 맞고 일부는 틀린 말이다. 섬에서 자란 오레가노를 곁들인 양고기처럼 우리가 조달하는 식재료는 다양한 현지 요리에 사용된다. 하지만 그런 용도로만 제한할 필요는 없다. 나는 이탈리아에 수년간 살면서 이탈리아 사람들에게 많은 것을 배웠다. 좋은 파스타는 어디서나 찾을 수 있다. 우리 허브도 그렇게 되기를 바랐다. 파스타를 만들 때 우리는 이탈리아 요리라기보다 일상적인 요리를 하고 있다고 생각한다. 허브도 그렇게 필수 식재료로 인식되었으면 한다.

SS: 내가 좋아하는 일본 환경운동가 후쿠오카 마사노부는 제철에 나는 풀을 먹어야 온화한 정신을 기를 수 있다고 했다.

EK: 야생초와 관련한 문화는 꽤 범위가 넓다. 뜯어 온 풀을 파이에 넣거나 데쳐서 샐러드로 만들기도 한다. 부활절 즈음에는 풀이 아직 보드라워 식용으로 더없이 좋다. 외국인들은 풀 하면 시금치만 떠올리지만, 시골 할머니들은 인근에서 자라는 야생초를 열 가지 이상 알고 있다. 내 어머니는 들판에서 따 온 풀로 파이를 만든다. 봄마다 싱싱한 회향을 먹는 습관에서도 알 수 있듯이 야생초는 우리 문화에서 중요한 일부를 차지한다. 펠로폰네소스나 크레타 사람들은 잎을 파이에 넣는다. 사고파는 식품이 아니라 직접 채취해서 먹는 재료이기 때문에 지역적 색채가 매우 강하다. 아테네 같은 대도시라면 농산물 직거래 장터에서 구입하는 것이 최선이다. 지난 주말에 나는 양귀비와 야생 아스파라거스를 사서 오믈렛을 만들었다. 1년에 두 번 정도 구할 수 있는 식재료다.

SS: 적어도 서양에서는 허브 자체가 식품으로 인식되는 경우가 많다고 생각한다. 그리스도 그런가?

EK: 수세기 동안 허브는 사람들에게 중요한 약재로 쓰였다. 집집마다 갖가지 질병에 쓰이는 생약제와 에센셜 오일을 구비해놓았다. 하지만 사실 그리스에서 허브의 가장 중요한 용도는 음식 재료다. 크레타섬에는 솜털이 나 있는 아름답고 향긋한 식물인 디터니에 얽힌 이야기가 있다. 지역 방언으로는 ‘에론다스erondas’라고 부르는데 사랑을 의미하는 ‘에로스eros’에서 유래했다. 캐기 어려운 험한 곳에서 자라기 때문에 진정한 사랑에 빠져야만 이 식물을 찾을 수 있다는 속설이 생긴 것 같다.

SS: 최고 품질의 치즈, 고기, 유기농 채소를 구하는 데 시간과 돈을 아끼지 않지만 허브는 슈퍼마켓에서 사는 사람이 많다. 허브가 이런 취급을 받는 이유는 무엇일까?

EK: 일정 부분 공급망 문제다. 슈퍼마켓에서는 허브를 소량씩 포장하여 판매한다. 질 좋은 커피를 생각해보자. 수명이 매우 짧다. 신선한 커피는 맛있지만 구입 후 2주가 지나면 맛이 변질된다! 사람들이 고급 허브라는 개념에 익숙하지 않은 이유는 맛을 볼 기회가 없었기 때문이라고 본다. 나는 우리 허브를 맛보는 사람들의 표정을 유심히 살핀다. 꼭 전문가가 되어야 음식 맛을 음미할 수 있는 것은 아니다. 맛은 신체적 반응이다.

SS: 그리스에는 허브 채취를 제한하는 법이 많고 이에 대한 반발도 많다고 들었다. 그런 규정에 대해 어떻게 생각하나?

EK: 그리스 일부 지역에서는 과도한 채취로 특정 식물이 멸종되다시피 했다. 과잉 수확과 조기 수확의 피해는 엄청나다. 그런 행동을 하는 사람도 그 결과를 모르지는 않을 것이다! 모든 생물은 생태계 안에서 나름의 역할이 있다. 그래서 나는 채취를 규제하는 것에 동의한다. 아까 얘기했던, 오레가노를 팔던 할머니는 딱 한 명이었다. 그분은 너무 많은 양을 채취하지 않았기 때문에 괜찮지만 요즘은 사정이 다르다.

(FRANCE)

A HOME IN ARLES.

아를의 집.

프랑수아 알라르는
남의 집 사진을 찍으며
명성을 쌓았다. 이제
그의 렌즈는 자신의
집으로 향한다.

Words DAPHNÉE DENIS
Photos FRANÇOIS HALARD

주로 머무르는 집이 아니기에 유명 인테리어 사진작가 프랑수아 알라르는 아를에 있는 자신의 집을 '꾸미기용 건물'로 여긴다. 약 30년 전 호텔 〈파르티큘리에〉를 처음 본 순간 그는 사랑에 빠졌다. 프랑스에서 '가장 로마 같은 도시'의 중심에 위치한 웅장한 18세기 주택의 지중해 감성은 그에게 추상 표현주의 화가 사이 톰블리의 유명한 이탈리아 저택을 연상시켰다. 아를에 있는 알라르의 아름다운 집은 톰블리의 마음을 돌려 알라르의 렌즈 앞에 자신의 집을 개방하게 한 구실이 되기도 했다.

"톰블리를 찾아갔지만 그는 집에서 사진을 찍히고 싶어 하지 않았다." 알라르가 회상한다. "나는 그래도 상관없다고, 내가 처음으로 손에 넣은 예술품이 톰블리의 작품이어서 그를 만나고 싶었을 뿐이며, 그의 집 사진을 보고 비슷한 분위기의 집을 샀다고 말했다. 그는 내 집의 사진을 보고 싶다고 했고, 그것을 본 다음에는 이렇게 말했다. '이틀간 마음껏 사진을 찍어도 좋아.' 내 집을 직접 본 사람은 이 말이 무슨 뜻인지 충분히 이해할 거다."

알라르의 아를 자택 입구는 톰블리의 지속적인 영향력을 증명이라도 하듯 이제는 이 예술가에게 헌정한 제단 같은 곳이 되었다. "나는 2천년 된 물건에서 영감을 얻어 파격적이고 현대적인 작품을 탄생시키는 그의 솜씨에 매료되었다." 이 사진작가는 이렇게 말한다. 원형 경기장으로 유명한 옛 로마의 지방행정 중심지인 아를도 그에게 영감을 주었다. "지중해의 분지는 문명이 탄생한 곳이다. 그렇게 생각하자 나는 꿈을 꿀 수 있었다. 이 집을 꾸밀 때도 그 사실을 늘 염두에 두었다."

알라르는 한평생 톰블리, 루이즈 부르주아, 로버트 라우센버그 같은 예술가들의 은밀한 집 내부를 상세히 포착하고 집주인들의 영혼을 들여다보며 일생을 보냈다. 하지만 최근까지도 자신의 집은 별로 촬영하지 않았다. 주로 뉴욕에 거주하는 그와 아내는 코로나19 팬데믹으로 전 세계가 봉쇄되자 아를에서 평소보다 많은 시간을 보냈다. 그의 격리 생활을 사진에 담아 달라는 『뉴욕 타임스』의 요구와 큐레이터이자 출판인인 친구 오스카 험프리스의 설득 끝에 그는 결국 자신의 집으로 렌즈를 돌렸다. 현상실에 가서 아날로그 필름을 현상할 수 없는 상황이어서(그는 디지털카메라로 작업하지 않는다) 알라르는 폴라로이드 사진을 통해 자신의 집을 재발견하기로 했다.[1] "여러 공간을 이동하는 빛을 관찰하기 위해 나도 오랜 시간 이 방 저 방으로 옮겨 다녀야 했다." 그가 설명한다. "일을 하기 위해 집 안을 왔다 갔다 하다 보니 비로소 주변을 찬찬히 돌아볼 수 있었다."

의뢰받은 작업과 달리 이 프로젝트에서는 작업 조건을 자유롭게 선택할 수 있었지만 그 과정 자체는 다른 예술가의 집을 촬영하는 것과 다르지 않았다고 알라르는 말한다. "내 집의 인테리어라 해도 카메라가 끼어들면 나와 피사체 사이에 거리가 생긴다. 나의 관심사는 필름 자체의 감성과 더불어, 나의 역사와 내가 촬영하는 대상을 향한 나의 감성을 반영하는 것이다."

평생 여행을 다니며 손에 넣은 장식품과 공예품으로 각 방은 서로 다른 이야기를 들려준다. 알라르는 물건과 대화를 나누듯 모든 소유물을 가장 어울리는 자리에 세심하게 배치한다. 아프리카의 가면, 조각상, 사진, 더 이상 꽂을 데가 없는 책들이 박물관 전시물처럼 진열되어 있다. 안방 벽난로 선반에는 브라사이Brassaï가 찍은 피카소의 손 사진 두 장이 나란히 놓여 있다. 하나는 몇 년 전에 구한 엽서이고 다른 하나는 알라르가 나중에 손에 넣은 대형 사진이다. "나는 파편을 좋아한다." 그가 설명한다. "파편을 모으는 것도 좋아한다. 크메르 불상 머리와 아내에게 선물 받은 호쿠사이의 목판화를 대리석으로 만든 인간 주먹과 함께 둔다. 마치 인간의 부서진 신체 부위를 모아둔 것 같다."

30년이 넘는 기간 동안 3층 집은 알라르가 '내가 만든 가족의 집'이라 생각하는 곳으로 서서히 성장했다. 처음에 그는 주방과 욕실만 개조해놓고 철거 중인 방 한가운데에 야전 침대 하나만 두고 지냈다고 회상한다. 보수 공사는 지금까지도 진행 중이다. "얼마 전에 창문 수리를 끝냈다. 창문 일부는 루이 15세나 프랑스혁명 이후로 교체한 적이 없어서… 꽤 망가진 상태였다." 시간은 빈 공간에 추억과 의미를 채워 넣었다. 이제는 집이 자신의 동반자처럼 느껴진다고 그는 말한다. "가족과 추억을 나누면 신뢰가 쌓인다. 내 집에 대해서도 같은 감정이다. 마치 살아 있는 존재 같다."

(1) 다음 몇 페이지에 실린 이미지는 알라르의 사진집 「아를에서 보낸 56일56 Days in Arles」에 공개되지 않은 사진들이다. 이 책은 코로나19 봉쇄 기간에 그의 렌즈로 집과 일상을 관찰한 결과물이다.

(left) 알라르의 집 입구에 사이 톰블리의 『로만 노트Roman Notes』와 피라네지Piranesi의 석판화가 걸려 있다.

(right)
이탈리아 가에타에 있는 톰블리의 집은
알라르에게 큰 영감을 주었다. 톰블리처럼 알라르도
고대 그리스의 암포라 항아리와 로마 시대 흉상 같은
골동품을 무심히 진열해두었다.

“파편을 모으는 것을
좋아한다… 마치 인간의 부서진
신체 부위를 모아둔 것 같다.”

(left) 알라르는 30년에 걸쳐 자신의 취향에 맞게 프로방스 주택의 공간들을 수리하고 개조했다.
(above) 알라르의 구도 배치 감각은 사진 작업은 물론 벽난로, 선반, 책상을 장식하는 물건의 조합에까지 적용된다.

GALATIA
EGYPT
SYRIA
ARABIA
JUDEA
PONTUS
ASIA

(left)
알라르의 18세기 저택에는
서재, 현상실, 두 개의 자료 보관실, 화실을
포함하여 22개의 방이 있다.

Photography: Emma Trim

이토 바라다는 자신의 예술에 영감을 주는 도시를 위해 영화관을 만들었다.
Words AIDA ALAMI Photos EMMA TRIM & KARIMA MARUAN

(MOROCCO)

A CINEMA IN TANGIER.

탕헤르의 영화관.

이토 바라다는 어머니와 함께 탕헤르로 이사한 일곱 살 때 황홀한 영화의 세계를 발견했다. 어린 시절에 그녀는 시내에 있는 극장인 시네마 룩스Cinema Lux에 자주 놀러 갔다. 그곳에서 영사기사는 그녀를 옆에 놓인 의자에 앉혀 영화를 보여주었다.

수십 년이 지난 지금 성공한 멀티미디어 비주얼 아티스트가 된 바라다는 여전히 영사기가 투영하는 영화 감상을 즐긴다.[1] 하지만 이제는 모로코 전역에 방치되었던 극장을 재생시킨 상영관에서 영화를 감상한다. 아프리카 대륙의 끝자락에 위치한 도시 탕헤르의 구시가지에는 시네마테크 드탕헤르가 있다. 이곳은 모로코에서만 볼 수 있는 예술 공간이다. 영화관뿐만 아니라 미술관과 카페도 품고 있는 이곳은 그랑 소코Grand Socco라고도 불리는 도시의 명소 아브릴 1947 광장 9번지에 있다.

약 15년 전, 여러 사람의 도움을 받아 다 쓰러져가던 시네마 리프Cinema Rif를 매입한 바라다는 오늘날 탕헤르를 상징적인 공간으로 탈바꿈시켰다. "베이루트 함라에 있던 카페들처럼, 당장 손대지 않으면 사라질 것 같았다. 그녀가 뉴욕에서 〈줌〉으로 이렇게 말했다. "여기서는 그런 일들이 일어난다. 전부 네온사인과 에어컨이 설치된 현대식 건물로 바뀌고 있다. 자금이 별로 없었기 때문에 이 프로젝트를 진행하기가 여간 어렵지 않았다. 하지만 탕헤르에서는 매우 의미 있는 사업이었다." 바라다는 도시의 급속한 고급화에 반대한다. "사람들이 정원을 말끔히 다듬는 것을 참을 수가 없다. 말 그대로 미쳐버릴 것 같다. 가로등도 너무 많이 세운다." 그녀가 한탄한다.

2006년에 개관했고 지금은 비영리로 운영되는 시네마테크 드탕헤르는 도시 문화의 구심점이 되었다. 1930년대에 지어진 이 극장은 천천히 개조되었다. 얼마 전까지만 해도 추운 겨울에는 관람객에게 담요를 제공해야 했다. 이제는 관광객, 현지인, 남녀노소 할 것 없이 이 커피숍을 찾는다.

바라다는 활동가와 지식인 집안에서 태어났다. 그녀의 부친 하미드 바라다는 1960년대에 정치 운동으로 사형을 선고받고 수년간 망명 생활을 하다가 사면을 받은 모로코의 기자였다. 프랑스에서 어린 시절을 보낸 후 탕헤르에 살면서 그녀는 항상 자신의 특권을 인식하고 탕헤르에서 예술영화관을 여는 것이 도시의 불평등을 심화시키는 것은 아닐지 걱정했다. 그럴 가능성을 방지하기 위해 그녀는 극장을 누구에게나 열려 있는 장소로 만들었다. 어린이를 위한 특별 상영을 포함해 누구나 쉽게 참여할 수 있는 문화 행사가 풍성하게 열리는 이곳은 예술가들이 서로 만나 영감을 얻고 창작과 교류를 할 수 있는 공간이기도 하다.

이 건물의 보수를 맡은 건축가는 오래된 화강암 바닥을 공사하고 인근 카사바라타 벼룩시장에서 구한 빈티지 장식품으로 파랑, 노랑, 빨강의 강렬한 색감을 연출했다. 입구에 설치된 구식 천막에는 상영 중인 영화 제목이 표시되어 있다. 신문처럼 펼쳐지는 월간 상영 프로그램에는 「히로시마 내 사랑」, 「이브의 모든 것」, 「나의 달콤한 페퍼 랜드」 같은 기념비적 영화의 장면들이 담겨 있다. 많은 사람들이 그것을 집으로 가져가 액자에 넣는다. 또 이곳은 모로코에서 가장 마지막은 아니더라도 오픈 릴 필름을 상영하는 몇 남지 않은 극장에 속한다.

전반적인 영화관 운영은 다른 사람들에게 맡겼지만 바라다는 여전히 이곳의 일원이다. 카페에 앉아 있는 것은 아직도 그녀가 가장 좋아하는 활동 중 하나다. 사진작가로서 그녀는 많은 작가와 예술가에게 영감을 준 도시를 수년간 거닐며 사람들을 사귀었다. 탕헤르라는 도시와 그곳에서 풍부한 경험이 그녀의 예술에 큰 영향을 주었다. "나쁜 평판이 이 도시를 특별하게 만들었다고 생각한다. 탕헤르는 항구도시다. 이곳 사람들은 생존력이 대단하다. 오랜 세월 경제적으로 방치된 지역이기 때문이다. 하지만 결국 이곳은 자유의 도시가 되었다."

"나쁜 평판이 이 도시를 특별하게 만들었다고 생각한다."

탕헤르는 매력을 쉽게 드러내는 도시가 아니다. 유럽으로 들어가는 길에 이곳을 거치는 사람은 많지만 굳이 시간을 들여 그 비밀을 밝히고 모험에 뛰어들려는 사람은 드물다. "하지만 그럴 가치는 충분하다." 바라다가 말한다. "세상 어디에서도 탕헤르에서 장화를 신고 비를 맞으며 진흙탕을 걷거나 길거리에서 칼린테(병아리콩 파이)를 먹을 때만큼 행복한 적은 없었다. 이곳만큼 마음이 편해지는 곳은 없었다."

(1) 바라다의 작품은 모로코나 지중해의 역사와 깊은 관련이 있다. 올해 초 이스트 햄튼의 페이스 갤러리에서 열린 전시회에서 그녀는 탕헤르의 정원에서 얻은 천연 재료로 염색한 직물 콜라주, 1960년에 발생한 아가디르 지진을 표현한 종이 콜라주, 모로코 전통 고리버들 공예 기법을 활용한 가구 등을 선보였다.

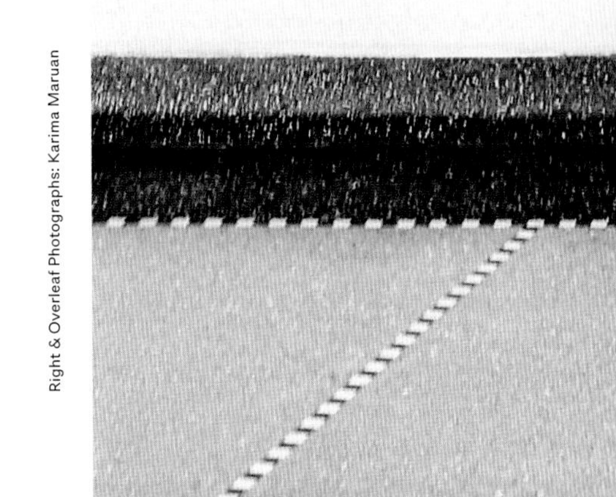

Right & Overleaf Photographs: Karima Maruan

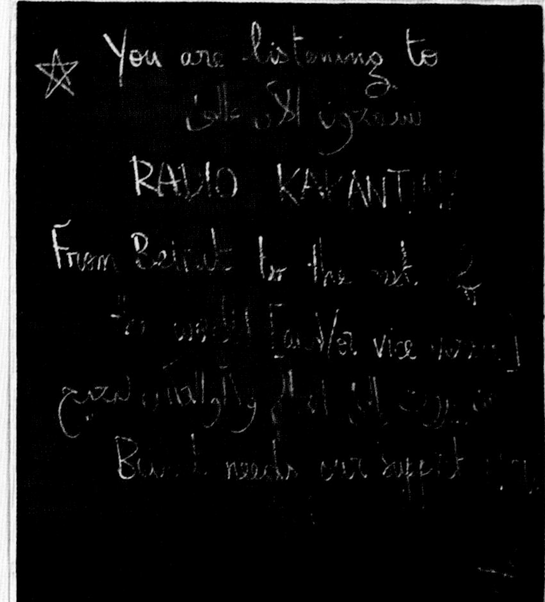
أفلام اليوم
FILMS DU JOUR
You are listening to

التذاكر
BILLETTERIE
TARIFS CINÉMA
DEMANDEZ VOTRE
CARTE DE FIDÉLITÉ
GRATUITE

(right) 아틀리에 다르시텍추어 랄로Atelier d'Architecture Lalo가 리모델링한 이 영화관은 300석 규모의 극장과 50석 규모의 아늑한 감상실을 갖췄다.
(below) 이 건물의 1930년대 후반 아르데코 스타일은 빈티지 포스터와 가구로 건물 내부에도 구현되었다.

CINEMA RIF
سينما الريف

177 — 192

알제리의 예술가, 정원 요정, 콜더의 작업실, 마이크 리, 십자말풀이

PEER REVIEW
피어 리뷰

Words:
Alya Al-Mulla

Curator ALYA AL-MULLA shares the legacy of Algerian artist Baya Mahieddine.

큐레이터 알랴 알물라가 알제리 예술가 바야 마히딘의 업적을 공유한다.

바야 마히딘의 작품은 항상 여성에게 초점이 맞춰져 있다. 그녀의 그림에는 남성이 아예 등장하지 않는다. 여자와 아기가 함께 있는 작품도 있다. 하지만 그 아기 역시 여성의 확장이다.

바야는 1931년에 태어나 대여섯 살 무렵에 고아가 되었다. 그 후에는 할머니 손에 자랐다. 나중에는 프랑스의 지식인 마구리트 카미나 벤후라에게 입양되었다. 할머니가 마당에서 일하는 동안 바야가 흙바닥에 그림을 그리고 진흙으로 인형을 만드는 모습을 보고 벤후라는 그녀를 입양해 재능을 키워주었다. 벤후라는 바야의 삶에 큰 영향을 미쳤다. 벤후라 역시 화가였고 방대한 미술품을 소장하고 있어 그녀의 집에는 많은 수집가와 예술가가 드나들었다. 결국 어머니, 할머니, 양어머니 같은 여성들의 존재가 바야에게 많은 영향을 준 것이다.

바야의 작품에는 장난기가 가득하다. 오색찬란하고 생기발랄하며 어린아이의 그림처럼 유쾌하다. 인터뷰에서 그녀는 그림을 그리는 장소가 행복의 공간, 탈출하고 싶은 곳이라고 했다. 알제리 전쟁과 독립 투쟁을 겪었지만 그녀의 작품에는 슬픔이 전혀 드러나지 않는다.

전시를 기획하면서 우리는 그녀를 서구적 시각에 매몰시키지 않으려 노력했다.[1] 사람들은 주로 갤러리 마그Galerie Maeght에서 열린 파리 개인전의 시점에서 바야 마히딘을 이야기한다. 그녀가 프랑스에서 전시를 열고 앙드레 브르통과 피카소에게 발굴된 알제리 출신의 여성 예술가라는 것이 일반적인 설명이다. 우리는 그런 설명에서 벗어나 그녀를 아랍 미술사의 관점에서 소개하기 위해 애썼다. 설명 패널에서 각각의 작품을 틀에 가두고 싶지 않았다. 보이는 대상을 어떻게 받아들일지는 관객에게 달려 있다. 우리는 그녀를 만난 예술가와 일반 관객의 의견을 들었다. 그중에는 브르통도 있다. 하지만 전시의 초점은 그것이 아니다. 아랍 출신 미술사학자들이 다른 입장에서 내린 평가도 있다. 우리가 보기에 그녀는 분류되는 것을 거부하는 아티스트였다.

바야 시몬스에게서 들은 이야기를 바탕으로 씀.

(1) 올해 초 알물라는 수헤일라 타케시와 아랍에미리트 샤르자 미술관의 바야 마히딘 전시회를 공동 기획했다. 알물라가 가장 좋아하는 작품은 악기를 연주하는 여성들을 그린 1975년작 『음악가Musiciennes』다. "바야는 주위 환경에서 많은 영감을 얻었다. 1953년에 음악가와 결혼하면서부터 그녀의 작품에 악기가 등장하기 시작했다. 생동감 넘치는 행복하고 유쾌한 그림으로, 일단 전시장으로 들어가면 그림 속 광경이 생생하게 그려지고 분위기마저 느껴진다. 음악이 귀에 들리는 기분이다." 알물라가 말한다.

OBJECT MATTERS
문제적 물건

Words:
John Ovans

The strange, hermitic history of the garden gnome.
정원 요정의 기이한 은둔의 역사.

"은둔자는 7년간 한 장소를 떠나서는 안 되며 누구와도 말을 섞어서는 안 된다. 어떤 식으로든 몸을 씻거나 닦아서도 안 되며 머리털과 손발톱은 자연스레 자라도록 내버려두어야 한다."

격리 기간의 흔한 일상과 헷갈리지 않도록 위 인용문의 출처를 밝히자면, 고고학자 윌리엄 겔경의 책 「1797년의 호수 여행A Tour in the Lakes Made in 1797」에서 발췌한 내용이다.

당시 한창 유행하던 '은둔자'는 부유한 지주에게 고용된 개인(대개 농부)으로, 지주의 사유지에 특별히 마련된 거처에 살았다. 그 직무 기술서에 따르면, 수도승 같은 차림을 하고 누구에게도 말을 걸지

Photograph: Cecilie Jegsen

말아야 하며 조지 왕조 시대 영국의 목가적 분위기를 강조하기 위해 개인 위생은 포기해야 했다.

낭만주의 시대에 이런 사람의 존재는 방문객들에게 영적 깨달음의 추구라는 가치를 일깨우기 위한 것이었다. 정원에 은둔자를 두면 지주는 좀 더 지적인 인물로 보일 수 있었다. 하지만 채용은 쉽지 않았고, 기록에 따르면 근무를 시작한 지 딱 3주 만에 맥주를 손에 쥔 채 동네 술집에서 목격됐다는 은둔자도 있다.[1]

관상용 은둔자 열풍은 금방 지나갔지만 '정원 도우미'라는 개념은 사라지지 않았다. 항상 촌스러움과 멋스러움 사이에서 아슬아슬한 줄타기를 하던 영국의 상류층이 그 중심에 있었다. 1847년에 찰스 이샴 경은 독일에서 21개의 도자기 인형, 즉 그노멘피구렌gnomenfiguren을 들여와 자신의 바위 정원에 배치했다. 오늘날 우리가 아는 정원 요정은 대개 턱수염이 있고 뾰족한 모자를 썼으며 파이프 담배를 피우거나 초롱불을 들고 있다.

이샴이 이 외래종을 처음 들여온 후 세월이 흐르면서 정원 요정은 점차 고상함과는 거리가 먼 저속한 장식품 취급을 받았다. 급기야 런던의 첼시 꽃 박람회는 정원 요정의 출품을 금지하기에 이르렀다. 많은 사람들이 이 금지령을 요정에 대한 지나치게 부당한 조치라고 비판했다. 2015년에는 몸에 금칠을 한 요정 100명이 행사장 입구에서 동등한 권리를 요구하며 피켓 시위를 벌였다.

요정 애호가들은 팬데믹 기간에 공급망 붕괴와 수에즈 운하의 차단으로 극심한 요정 금단 증상에 시달렸다. 하지만 어차피 모두들 봉두난발의 은둔자로 살고 있으니 요정 따위는 필요 없을지도 모른다.

(1) 어떤 사람들은 여전히 은둔자의 삶에 매력을 느낀다. 2017년에는 오스트리아 절벽의 350년 된 암자에 거주할 무급 은둔자로 슈탄 바누이트레히트가 채용되었다. 이 자리에는 50명 이상이 지원했다.

CULT ROOMS

컬트 룸

Words:
Stephanie d'Arc Taylor

Inside ALEXANDER CALDER'S studio, where chaos and kinetic art found a harmonious balance.

혼란과 키네틱 아트가 조화롭게 균형을 이룬 알렉산더 콜더의 작업실 내부.

Photograph: Evans/Three Lions/Getty Images

알렉산더 콜더의 작품은 유동적이고 가변적이며 끊임없이 움직인다. 그는 우아한 모빌로 가장 잘 알려져 있다(이 용어를 처음 만든 사람이 콜더다. 마르셀 뒤샹은 이 조각가의 작업실을 방문한 다음 자신의 작업에도 모빌을 적용했다). 금속판에서 잘라낸 이 추상적이고 다채로운 도형은 철사에 매달린 채 다른 금속조각이나 묵직한 구와 완벽한 균형을 이룬다. 그의 모빌과 장신구, 그림 등의 작품은 추상 그 자체다. 시폰을 입은 무용수처럼 환경의 변화에 예민하게 반응하는 섬세함을 품고 있다. "각 요소는 우주의 다른 원소들과 관계를 맺으며 움직이고 흔들리고 진동하고 왕복한다." 콜더는 1932년에 이렇게 설명했다.

콜더의 작품이 지닌 절묘한 정밀함은 예술가로 활동하던 대부분의 기간에 작업의 근거지로 썼던 아틀리에의 상태와는 극명한 대조를 이룬다. 그가 30년간 살았던 코네티컷주 록스베리의 농장 옆, 얼음 창고를 개조한 작업실은 그야말로 혼란의 도가니였다. 정리 전문가 곤도 마리에가 기겁할 만한 광경이 펼쳐져 있었다. 온갖 펜치, 망치, 가위가 너무 짧아서 쓸 수 없는 끈 조각과 뒤섞여 작업대 위에 어지러이 널려 있었다. 작품이 완성되면 남은 나무와 금속조각은 작업대 밑으로 쓸려 내려가 그대로 방치됐다. 6미터에 가까운 창문에서 쏟아지는 찬란한 빛이 이 난장판을 적나라하게 드러냈다. 천장에는 해리포터가 마법을 부린 듯 모빌이 맴돌고 있었다.

콜더의 작품에 담긴 유동성과 작업실이 나타내는 명백한 혼란은 그의 성장 과정과 뉴잉글랜드 시골로 이사하기 전의 삶을 되짚어보면 납득할 수 있다. 1898년 예술가 부부의 아들로 태어난 콜더(네 살 때 그는 아버지가 만든 조각상의 모델이 되었다. 그 작품은 뉴욕 메트로폴리탄 박물관에서 영구 소장 중이다.)는 열네 살이 되기 전까지 가족과 함께 필라델피아, 애리조나, 패서디나, 뉴욕, 샌프란시스코 등으로 옮겨 다녔다. 고등학생 때는 뉴욕과 캘리포니아를 오가며 살다가 뉴저지에서 대학을 졸업하고, 뉴욕에서 파나마운하를 거쳐 시애틀로 항해하는 여객선에 정비사로 취직했다.

워싱턴주 애버딘의 목재소에서 성실하게 일하던 콜더는 예술가가 되어야겠다는 소명을 느꼈다. 그는 다시 뉴욕으로 이사했다가 파리로 떠났다.

여러 동료 예술가들이 그랬듯 콜더는 광란의 시대Années folles가 한창일 때 파리에서 자기만의 광란의 시대를 시작했다. 1930년에 피에트 몬드리안의 작업실을 방문했다가 추상적이고 기하학적인 그림에 감명을 받은 콜더는 자신의 작품에서도 기하학적 형태와 원색을 탐구하기 시작했다. 궁극적으로 그는 추상작품을 천장에 매달아 자유롭게 흔들리게 하거나 소형 모터로 동력을 공급해 생명을 불어넣었다. 모터로 움직이는 작품인 『우주A Universe(1934)』가 뉴욕 현대 미술관에서 처음 공개되었을 때 알버트 아인슈타인은 40분이나 넋을 놓고 바라보았다고 한다.

하지만 양차 세계대전 사이의 파리에서 축제를 즐기던 다른 외국인들처럼 얼마 후에는 그곳의 활기에 오히려 에너지를 뺏기는 듯한 느낌을 받았다. 파리에서 연애하고 결혼한 아내 루이자 니 제임스(작가 헨리 제임스의 종손녀)와 함께 그는 1933년에 코네티컷으로 이주했다.

그 전까지 콜더는 새로운 자극이 급속도로 밀어닥치는 흥미진진하고 파란만장한 삶을 살았지만 코네티컷에서는 상황이 바뀌었다. 루이자와 함께 정착하여 두 딸을 키웠고 록스베리의 농장에서 30년에 걸쳐 자신의 예술을 펼쳤다. 생활은 단순해졌다(그와 루이자는 1955년에 인도로 3개월간 여행을 떠난 적이 있다. 그곳에서 그는 조각품 아홉 점과 장신구 몇 가지를 제작했다). 하지만 그를 자극하는 혼돈은 어수선한 작업실에서 계속되었다.

콜더가 자신의 세대에서 가장 뛰어난 조각가로 인정받기 시작한 것은 코네티컷 시대 초기부터였다. 이 무렵 그는 모빌을 엄청난 크기로 확대해 그가 스태빌stabile이라 부른 대형 설치 작품을 만들기 시작했다. 이런 작품들은 대번에 유명세를 얻었다. 콜더는 뉴욕 아이들와이드 공항(현재 JFK), 유네스코의 파리 사무소, 1968년 멕시코시티 올림픽에 전시할 스태빌 제작을 의뢰받았다.

하지만 세월이 흐르면서 그의 방랑벽은 되살아났다. 콜더는 1963년에 코네티컷에서 유럽으로 다시 한번 훌쩍 떠났다.[1] 프랑스 투르 외곽에 두 번째 아틀리에도 마련했다. 그곳에서는 먼젓번처럼 수십 년에 걸쳐 잡동사니를 쌓을 수는 없었다. 하지만 우리가 가진 사진을 보면 그가 사망한 1976년 무렵에는 쓰레기가 록스베리에서와 다름없이 산더미로 쌓였던 듯하다.

(1) 콜더의 유산은 코네티컷 록스베리에 계속 남아 있다. 1975년에 제작한 금속판 조형물 『앙귤레르Angulaire』는 사우스 스트리트에 위치한 공공 도서관인 마이너 메모리얼 라이브러리Minor Memorial Library 부지에 서 있다.

MIKE LEIGH

마이크 리

Photograph: Rick McGinnis

Words:
Poppy Beale-Collins

The remarkable director discusses starting from nothing, over and over again.

걸출한 영화감독이 몇 번이나 무에서 다시 시작해야 했던 경험을 털어놓는다.

영국 영화감독 마이크 리가 지난 50년 동안 만든 영화와 연극은 비평가들의 극찬을 받아왔다. 그는 협동적이고 즉흥적인 접근 방식으로 유명하다. 마이크 리의 영화는 시간 순서로 전개되는 것이 아니라 실세계에서처럼 관객이 알아야 할 모든 정보가 담긴 인상주의적 단일 장면들로 제시된다. 「인생은 향기로워」에서 10대 딸의 방 문 앞에 서 있는 엄마, 차 한 잔을 들고 있는 베라 드레이크의 모습, 「네이키드」 속 런던 거리의 나른한 고요함 등이 그 예다.

POPPY BEALE-Collins: 지금 어디서 통화하는 중인가?

MIKE LEIGH: 원래 런던에 살지만 지금은 콘월에 머무르고 있다. 이곳에서 1년 넘게 격리 생활을 하고 있다. 내 아이들, 손자가 그립지만 우리는 온라인으로 연결되어 있으니 괜찮다. 작년에도 영화를 찍을 계획이었지만 내 작업 방식으로는 코로나 상황에서 현실적으로 아무것도 할 수 없을 것 같다.

PBC: 평소 당신의 작업 방식에는 글쓰기가 큰 비중을 차지하지 않나?

ML: 글 쓰는 과정은 배우들과 함께 세계를 구축하는 과정의 일부다. 관습적인 의미에서 나는 사실 아무것도 쓰지 않는다. 아이디어만 가지고 갈 뿐이다. 「비밀과 거짓말」과 「베라 드레이크」는 구체적인 경험에서 비롯되었다. 「비밀과 거짓말」은 나와 가까운 사람이 아이를 입양했다는 사실에서, 「베라 드레이크」는 내가 낙태법 이전의 상황이 어땠는지 기억할 만큼 나이가 많다는 사실에서 나왔다. 하지만 그런 영화를 만드는 것 역시 오랜 기간에 걸쳐 인물들을 다듬고 그들 간의 관계를 구축하고 리허설을 통해 장면을 형성하는 여정이었다. 글쓰기는 리허설을 통해 완성된다. 결국에는 글로 써야만 모든 것이 분명해지지만 내가 현장을 떠나 대본을 써들고 다시 돌아오는 방식은 아니다. 마지막 결과물의 대부분은 즉흥적으로 나온다. 내가 만든 20여 편의 영화는 모두 이런 과정에서 탄생했다.

PBC: 요즘처럼 시간 여유가 있을 때는 독서를 더 많이 하는가?

ML: 그렇다. 읽어야 할 책을 다 읽을 수 있을 만큼 시간이 넉넉했던 적은 없다. 그리고 평소 일과를 생각해보면 내 독서량은 기대에 크게 못 미친다. 18개월 전쯤에 누군가와 대화를 하다가 필립 로스 얘기가 나왔는데 나는 「포트노이의 불평」밖에 읽은 게 없다는 사실을 깨달았다. 이제는 필립 로스가 쓴 책을 전부 다 읽었다. 독서 습관을 붙인 것이다. 사람들이 "당신은 누구의 영향을 받았나?"라고 물으면 나는 항상 오즈 야스지로의 영향을 크게 받았다고 대답한다. 그러다 문득 오즈의 크라이테리언 박스 세트를 갖고 있으면서 다 보지는 못했다는 생각이 들었다. 내 말에 허세가 섞여 있었던 셈이다. 그래서 나는 한자리에 앉아 오즈 영화를 다 보았다.

PBC: 작년까지 당신은 주로 런던에서 일했다. 당신의 창작 과정에서 지역은 얼마나 중요한가?

ML: 나는 사람들을 관찰하는 편이다. 배우들에게서 그들의 지인에 대한 이야기를 들으면 내가 가지고 있던 아이디어는 자극을 받는다. 콘월에서는 사람들을 관찰할 기회가 적지만 그것은 문제가 아니다. 가만히 앉아서 '맙소사, 사람들을 못 만나니 아이디어가 고갈되고 있어' 하고 한탄할 필요는 없다. 1년 이상 시간이 흐른 지금, '내가 지난해를 낭비한 걸까?', '왜 나는 소설 한 편 쓰지 않았을까?' 하는 생각이 드는 건 어쩔 수 없지만 그것은 시간 낭비를 어떻게 정의하느냐에 달려 있다. 나의 서식지는 항상 극장과 영화판이었다. 영화는 공동작업이다. 제작팀의 분위기가 결과물에 큰 영향을 준다. 화기애애한 분위기는 훌륭한 자극제가 된다.

영화나 연극을 만들 때 내가 절대 타협하지 않는 것은 학교 같은 빈 건물을 구하는 것이다. 그곳은 완벽한 공간, 아무런 제약 없이 탐구할 수 있는 실험실이 된다. 일을 할 수밖에 없는 환경과 규칙적인 생활은 매우 중요하다. 우주 최강의 늑장꾸러기로서 그런 작업 방식의 좋은 점은 6개월간 날마다 일찍 일어나 9시까지 꼼짝 없이 현장에 나가야 한다는 것이다. 그곳에 가서 뭐든 만들어내야 하는데 가끔씩 평소보다 창조성이 샘솟는 날이 있다. 아침에 무조건 일어나 현장에 나가는 것이 내게는 '성공의 비결'이다. 어쩔 수 없이 일을 해야 하기 때문이다. 요령을 피울 수가 없다.

BAD IDEA: STEREO TYPE

나쁜 아이디어: 고정관념

Words:
Debika Ray

The omnipresent embarrassment of "exotic" type.

'이국적' 글꼴이 주는 흔한 민망함.

코믹 샌스Comic Sans를 만든 빈센트 콘네어는 세계 최악이라는 이미지를 얻게 된 이 글꼴을 오랜 세월 옹호했다. 이 발랄한 글꼴을 업신여기는 사람들에게 그는 2014년 디자인 매거진 『디진Dezeen』에서 "디자인에 대해 쥐뿔도 모른다"고 일갈했다.

특정 브랜드의 기원이 외국임을 암시하기 위해 외국 문자의 특성을 차용한 이른바 '민속 서체'에 대해서는 그처럼 목소리 높여 싸고도는 사람이 없었다. 하지만 그것들은 계속해서 서구 국가의 식품 라벨, 레스토랑 메뉴, 포스터에서 눈에 거슬리는 존재감을 과시하고 있다. 흉내를 내는 알파벳은 식사를 앞두고 동행들에게 '본 애플 티bone apple tea('맛있게 드세요'라는 뜻의 프랑스어 'bon appétit'를 흉내낸 말 - 옮긴이)'라고 말하는 영국인 관광객만큼 진심이다.

붓글씨로 쓴 한자를 모방한 소위 '찹 수이chop suey' 글꼴은 19세기부터 미국에서 사용되었으니 그

Photograph: Stephanie Gonot

것이 가리키는 음식 이름만큼이나 미국적이라 할 수 있다. 인도 제품에서는 데바나가리 문자에 쓰이는 가로 연결선을 완벽하게 그려 넣은 서체를 볼 수 있으며, 중동과의 관련성은 아랍 문자를 기막히게 모방한 글씨체로 추측할 수 있다. 때로 글자는 비슷하게 생긴 다른 문자로 대체되기도 한다. 이를 테면 'E'와 'O' 대신 그리스 문자시그마(Σ)와 오메가(Ω)를 쓰는 식이다. 이런 관행은 R과 N이 키릴 문자 Я('야'로 발음)과 И('이'로 발음)처럼 소리가 전혀 비슷하지 않는 문자로 바뀔 때 더 큰 혼란을 준다.

이런 글꼴이 인기를 얻은 이유, 심지어 소수민족 집단에서조차 외국인 대상 마케팅의 수단으로 채택하는 이유는 분명하지만, 점차 기피 대상이 되는 이유도 분명하다. 문화적 고정관념을 무성의하게 차용한 이미지에 덧붙이는 것이 불편하게 느껴지기 때문이다. 특히 그래픽디자인과 광고 업계에 인종 다양성이 부족하다는 사실을 감안하면 더 그렇다.

이런 글꼴의 사용은 오랫동안 비서구 문화에 대한 편협하고 협소한 인식을 조장했다. "단순하든 현란하든 모든 활자와 디자인은 부지불식간에 우리에게 영향을 미친다." 2019년 인터뷰에서 디자이너 트레 실즈Tré Seals는 이렇게 말했다. 그는 미국 시민권 행진, 베트남 전쟁 반대 시위, 여성 참정권 투쟁, 스톤월 항쟁 같은 행사의 시위 표지판에서 아이디어를 얻어 "고정관념에서 자유로운 소수 문화를 그래픽디자인에 도입하기 위해" 노력하는 보컬 타이프Vocal Type라는 단체를 설립했다.[1] 그의 목표는 "우리가 속한 업계의 잘못된 역사가 아니라 우리가 섬기는 사람들의 이야기를 전하는 데 관심을 갖는" 그래픽 환경을 조성하는 것이다.

(1) 실즈는 현재 W.E.B. 두 보이스의 인포그래픽에서 영감을 받은 서체를 개발 중이다. 두 보이스의 인포그래픽은 1900년 파리 박람회에서 새로운 세기를 맞아 아프리카계 미국인의 삶을 기리고 그들의 발전을 막는 구조적 압력을 폭로할 목적으로 고안되었다.

GOOD IDEA: DIFFERENT STROKES

굿 아이디어: 색다른 서체

Words:
Harriet Fitch Little

글꼴은 결코 중립적이지 않으며 고유한 역사와 문화적 기준을 잔뜩 담고 있음을 인식한 디자이너들은 다양한 디자인을 새로 내놓고 있다. (사실상 많은 국가에서 로마자를 문자로 사용하는) 아프리카 대륙의 그래픽디자이너들은 이 과제를 특히 시급히 해결할 필요가 있었다. 짐바브웨 태생의 그래픽 디자이너 오스먼드 츠마는 2014년, 영국 제국주의 시대에 나온 인종차별적 광고의 활자 요소를 차용해 식민지 바스타드 로즈Colonial Bastard Rhodes라는 서체를 만들었다. 그의 서체는 겉보기에 중립적인 글꼴에 얼마나 많은 의미가 실릴 수 있는지를 대놓고 강조하기 위해 개발되었다. 그가 나중에 인터뷰에서 설명했듯이, "식민주의는 문명이라는 익살극을 뒤집어쓴 야만적인 행위였다." 최근 몇 년 사이에 창작된 서체에서는 만화 같은 아프리카 '부족' 스타일 글꼴을 미세하게 변화시키려는 노력이 드러난다. 케냐의 그래픽 아티스트 케빈 카란자는 2013년에 고대 아프리카의 서체와 기하학적 형태에 대한 그의 애정을 담아 샤르베Charvet라는 글꼴을 만들었다. 한편, 아프리카-포르투갈 요리를 제공하는 유명 레스토랑 프랜차이즈 〈난도Nando〉의 상징적인 서체는 2016년에 간판 아티스트 막스 살리무가 나무 판에 바로 그려 넣은 글꼴로 바뀌었다. 당시 이 프랜차이즈의 대표는 이렇게 밝혔다. "이 서체는 우리가 누구이고 어디에서 왔는지를 알려줄뿐만 아니라 우리 민족을 그 중심에 둔다."

ISLAND HOPPING

섬 여행

Crossword: Hyo-Jeong Kim

1		2	■	3	4	■	5	6			7	■	■	■
	■	8	9	■		■	■		■	■	10		■	11
■	12	■	13				14	■	15	16		■	17	
18		■		■		■	19		■	20		21	■	
22				■	■	■		■	23		■	24		
■	■	■	■	25		26				■	27		■	■
28	29	30			■		■	■		■		■	31	■
■	32		■	■	■		■	33			■	34		35
36		■	37	■	38	■	■	■	■	■	39	■	40	
	■	41		■	42		■	43	■	44		■	■	■
■	45	■	46	47		■	48			■	■	■	49	50
51		■	■		■	52	■		■	53	■	54	■	
	■	55			■	56	57	■	■	58			■	
	■		■	■	59	■		■	60		■		■	
61			■	62					■	63				

ACROSS

1. 서울 반포 한강공원에 조성된 인공 섬.
3. 태평양 폴리네시아 지역에 위치한 섬나라로, 수도는 누쿠아로파.
5. 동중국해 남부의 8개 섬을 가리키는 명칭으로, 일본과 중국 간의 영토 분쟁 지역.
8. 고래 뱃속에서 사흘간 살았다는 구약성경 속 인물.
10. 「뻐꾸기 둥지 위로 날아간 새」를 쓴 미국의 작가. 케네스 엘턴 ○○.
12. 일본 본토를 구성하는 4대 섬 중 가장 작은 섬.
13. 오스트레일리아, 뉴질랜드 등을 포함한 남태평양의 여러 섬을 총칭하는 말.
15. '나무가 없는 평야'라는 뜻의 스페인어로, 기온이 높고 우기와 건기가 뚜렷한 지역.
17. 남아메리카 태평양 연안에 남북으로 길게 뻗은 나라.
18. 저서 「새로운 학문」을 남긴 이탈리아의 역사 철학자. 잠바티스타 ○○.
19. 충청남도 보령시 오천면 영목항 맞은편에 위치한 섬.
20. 북태평양에 있는 미국의 주. 주도는 호놀룰루.
22. 일본 가고시마현 구마게군에 위치한 섬으로 생물 다양성이 풍부하여 유네스코 세계유산으로 지정되었다.
23. 콩고 민주공화국 서부의 항구도시.
24. 충청북도 충주시 남한강 중간에 자리 잡은 갈대 섬.
25. 아프리카 남동부의 섬나라로, 세계 최대의 바닐라 생산국.
27. 불교 승려가 왼쪽 어깨에서 오른쪽 겨드랑이 아래로 걸치는 법의.
28. 전라북도 군산시 옥도면 소재의 12개 유인도와 40여 개 무인도를 일컫는 말. 그중 일부는 새만금 방조제로 육지와 연결되어 있다.
32. 고려, 조선 시대에 죄인이나 맹수를 실어 나르는 데 사용한 우리처럼 만든 수레.
33. 애니메이션 「날아라 슈퍼보드」에 등장하는 캐릭터. 가는귀를 먹었고 입에서 나방을 뿜어내며 몸이 고무처럼 쭉쭉 늘어난다.
34. 여관집 아들 짐 호킨스가 해적들이 숨겨둔 보물을 찾아가는 여정을 그린 모험 소설.
36. 성산 일출봉 남쪽 바다에 위치한, 소가 누워 있는 형상의 섬.

40. 부처의 지혜를 비유적으로 이르는 말.
41. 히말라야산맥 고지에 산다는 전설의 동물.
42. 고려 시대에 왕의 종친에게 주던 정일품 벼슬.
44. 프랑스 노르망디 해안 인근의 섬으로, 영국의 왕실 직할령. 수도는 세인트 피터포트.
46. 다도해해상국립공원에 속하는 전라남도 신안군 소재의 섬. 주요 생산품은 천일염과 시금치.
48. 카리브해 남쪽에 위치한 섬나라로 네덜란드 왕국의 구성국이다.
49. 음식점에서 제공하는 음식의 종류와 가격을 표시한 판.
55. 전라남도 여수시 한려동에 위치한 섬. 동백나무 군락이 형성되어 있으며 섬 남단에 등대가 있다.
56. 끈을 맴. 서약을 함.
58. 어떤 지역에서 오랜 세월 대대로 살아온 사람.
60. 인도네시아 말레이제도 소순다열도에 속하는 섬으로 관광지로 널리 알려져 있다.
61. 인천 중구 무의동 소속의 외딴 섬. 1968년 1.21 사태를 계기로 창설된 북파 특수부대의 비밀 훈련지.
62. 영화 「집으로 가는 길」의 배경이 된 교도소가 있는 섬. 1948-58년 사이에 이 섬에 있던 사람과 동식물의 키와 크기가 엄청난 속도로 자랐다는 설이 있다.
63. 북유럽 북서쪽 끝의 섬나라. 수도는 레이캬비크.

DOWN

1. 필리핀 비사야스 제도에 속한 섬으로, 이 나라 중남부의 정치, 경제, 문화 중심지.
2. 밝기가 다양한 빛이 눈을 자극할 때 눈앞이 아롱거리는 현상.
4. 베네수엘라, 수리남, 브라질에 둘러싸인 남아메리카 북부의 국가.
6. 무릎 뒤의 오목한 부분.
7. 옛 류쿠 왕국이 위치했던 일본 남단의 섬.
9. 쿠사마 야요이의 노란 호박으로 유명한 예술의 섬.
11. 바람과 해수의 순환으로 미국 하와이와 캘리포니아 사이에 형성된 쓰레기 더미를 일컫는 말.
14. 북대서양에 위치한 포르투갈의 해외 자치구. 화산지형의 9개 섬으로 구성.
16. 북아메리카 북대서양에 위치한 영연방 도서 국가로, 수도는 나소.
21. 지중해 발레아레스 군도에 속하는 스페인령의 섬.
26. 부산시 강서구에 속한 섬으로 거가대교로 경남 거제시와 연결되어 있다.
27. 아프리카 중서부 대서양 연안에 위치한 국가. 천연 핵분열 발전소인 오클로 천연 원자로가 있다.
29. 일제강점기인 1945년에 일본 하시마에서 강제노동을 하던 조선인들을 소재로 한 류승완 감독의 2017년작 영화.
30. 고려 중기에 이인로가 지은 오언절구 한시.
31. 통영시 한산면 매죽리에 속하는 아름다운 섬.
35. 순간적으로 강렬하게 번쩍이는 불빛.
37. 영국의 역사학자로 문명이 탄생-성장-쇠퇴-붕괴의 주기를 거친다는 '역사 순환설'을 제창. 아널드 조지프 ○○○.
38. 탄소 중립의 에코 아일랜드를 표방하는 경남 통영의 작은 섬.
39. 오세아니아 멜라네시아 동부의 섬나라로, 수도는 수바.
43. 오세아니아 미크로네시아 서부의 도서 국가로 해파리 호수, 록아일랜드 등의 관광지로 유명하다.
45. 영국의 공리주의를 대표하는 윤리, 법률학자. 제러미 ○○.
47. 전라남도 해남군 산이면 소속 지역으로 원래 섬이었으나 1993년에 완공된 방조제로 육지가 되었다.
50. 캐나다 동쪽 끝 래브라도 반도 남쪽에 위치한 섬. 동명의 인명구조견 품종으로 유명하다.
51. 외상이나 질병 등의 이유로 일정 기간의 기억을 잃어버리는 현상.
52. 뜻밖의 일이나 복잡한 일을 당해 정신을 가다듬지 못하는 상태.
53. 캐나다 북극해 해상에 떠 있는 섬으로 1826년 존 리처드슨에 의해 발견되었다.
54. 생태계에서 생물들 간의 먹고 먹히는 관계.
55. 부산 남구 용호동 앞바다의 섬으로 보는 각도에 따라 5개 또는 6개로 보인다.
57. 태평양 솔로몬해 서쪽에 위치한 세계에서 두 번째로 큰 섬. 오세아니아에서 가장 높은 푼착 자야 산이 있다.
59. 제정러시아의 군주를 가리키는 말.

CORRECTION

바로잡기

Words:
Harry Harris

The messy reality behind a simple prescription.

단순한 처방 뒤에 숨은 복잡한 현실.

지중해 식단은 다이어트가 필요 없는 식단으로 칭송받는다. 이 지역에서 사랑받는 올리브 오일, 채소, 견과류, 해산물을 주재료로 만든 요리에 가끔씩 레드 와인을 곁들이는 건강과 장수의 식단이라고들 한다.

하지만 일견 느슨해 보이는 이 처방에도 복잡한 사정이 얽혀 있다. 첫째, 증거가 의심스럽다. 지중해 식단을 향한 믿음은 대부분 2013년에 실시된 대규모 연구 프로젝트 PREDIMED로 강화되었다. 참가자 가운데 약 20퍼센트가 무작위로 선택되지 않았기 때문에 이 연구는 신뢰성을 의심받고 있다.

더구나 지중해식 식단이 실제로 무엇을 가리키는지 정의하기 어렵다는 문제도 있다. 지중해를 낀 22개국에 속하는 튀니지, 이스라엘, 알바니아의

Photograph: Lauren Bamford. Food Styling: Stephanie Stamatis

식습관은 서로 크게 다르다. 그리스, 이탈리아, 스페인이 지중해식 식단과 가장 관계가 깊다는 인식이 일반적이지만 이들 지역 내에서도 차이가 있다. 이탈리아에서는 올리브 오일 의존도가 지역마다 달라, 북부에서는 요리용 기름으로 라드를 더 선호한다. 좀 더 일반적으로 말하면, 신선한 로즈마리, 잘 익은 토마토, 통통한 무화과로 유명한 이 나라들을 비롯한 모든 지역에서 이제는 가공식품, 고기, 포화지방을 더 많이 섭취한다. 이미 2008년부터 『뉴욕 타임스』에는 '패스트푸드, 지중해 식단을 굴복시키다'라는 기사가 실리기도 했다."[1]

특정 식단을 추구할 때의 문제는 식단들끼리 서로 충돌한다는 것이다. 케토 다이어트는 저탄수화물 고지방을 권한다. 하콤Harcombe 다이어트는 칸디다균을 피하라고 지시한다. '클린Clean' 다이어트는 설탕과 가공식품을 악으로 취급한다. 무엇보다 2020년에 『영국 의학 저널』에 실린 연구에 따르면 모든 식단의 기대 효과는 1년이 지나면 대부분 사라진다.

지중해식 식단이 조금이나마 나은 대안이 될 수 있다면 그것은 유연성 때문이다. 이 식단은 빡빡한 처방이기보다 느슨한 지침이다. 하지만 외식으로 연어 한 토막과 그리스식 샐러드를 먹는다 해도 아테네 앞바다에서 갓 잡은 생선을 먹을 때만큼 건강과 행복을 누릴 수는 없다. 어떤 식단에서든 건강상의 이점에 초점을 맞출 때의 가장 큰 문제는 타파스, 안티파스티, 올리브 한 그릇, 돌마 한 접시가 주는 기쁨처럼 식사에서 얻을 수 있는 즉각적인 이점은 종종 무시된다는 점이다. 지중해인들의 긴 수명은 여럿이 함께하는 즐거운 식사와 음식에 대한 그들의 애정과도 무관하지 않을 것이다. 우리가 얻기 위해 노력해야 하는 것도 그것이 아닌가 싶다.

(1) 유엔식량농업기구는 2008년에 지중해 식단이 "그저 하나의 관념이 되었다"는 보고서를 발표했다. 이 보고서에 따르면 이 지역의 식단은 실제로 "소멸 직전의 상태로 쇠퇴"했다.

LAST NIGHT

어젯밤

Words:
Bella Gladman

Photograph: Ezra Patchett

What did creative director PEPI DE BOISSIEU do with her evening?

크리에이티브 디렉터 페피 드부아시외는 저녁에 무엇을 했을까?

페피 드부아시외는 바르셀로나에 살지만 프랑스, 세네갈, 스페인 시골에서 그녀를 발견할 가능성도 적지 않다. 뉴욕에서 태어났지만 아르헨티나에서 성장하여 이곳저곳 떠돌아다니는 이 아트 디렉터는 유쾌한 분위기를 연출하는 재능으로 세상에 이름을 알렸다. 〈에르메스〉 같은 브랜드의 창조적인 설치 작업에서든, 새로 시작한 토털 홈 스타일링 사업 〈도라 다Dora Daar〉(친한 친구 냇 슬라이Nat Sly와 함께 운영)에서든 그녀는 정성 어린 음식, 사려 깊은 작업장, 아름다운 디자인을 결합해 기억에 오래 남을 경험과 공간을 만든다.

BELLA GLADMAN: 어젯밤에 뭘 했나?

PEPI DE BOISSIEU: 예고 없이 친구 여럿이 찾아와서 테라스에서 함께 맥주를 마셨다. 나는 혼자 살지만 우리 집은 누구에게나 열려 있다.

BG: 갑자기 손님이 찾아오면 어떻게 접대하나?

PDB: 꽤 자주 있는 일이다! 며칠마다 동네 시장에 가서 신선한 식품을 사둔다. 어제 저녁에는 수제 치즈, 후무스, 앤초비, 버터 바른 빵, 올리브 오일을 뿌린 채소를 내놨다. 시골 우리 집 옆에 올리브 나무가 있어서 최근에 올리브 오일을 직접 만들기 시작했다.

BG: 그렇다면 주방에 있는 시간이 길 것 같다.

PDB: 친구들뿐만 아니라 나를 위해 요리하는 것도 좋아한다. 나랑 레시피를 교환하는 친구가 있는데 그녀의 조리법에는 항상 이런 지침이 포함된다. "양파를 갈색으로 볶는 동안 와인을 한 모금 마신다." 꼭 그렇게 해야 한다. 나는 조리대 앞에 서 있을 때 보사노바 같은 브라질 음악을 듣는 것도 좋아한다.

BG: 어젯밤에 늦게까지 깨 있었나?

PDB: 나는 저녁형 인간이 아니다. 낮을 훨씬 선호한다. 그래서 친구들이 돌아간 다음 에센셜 오일을 뿌려 개운하게 목욕하고 잠자리에서 책을 읽었다. 요즘 그래픽 노블을 읽고 있다. 평소에 만화는 잘 보지 않지만 꽤 재미있더라.

BG: 저녁마다 습관적으로 하는 일이 있다면?

PDB: 파리에 사는 어느 노부인의 일과가 너무 마음에 들어서 나도 따라 하고 있다. 매일 밤 집 안의 모든 불을 순서대로 켜서 공간을 빛으로 채운다. 작은 촛불부터 시작해 은은한 전등을 차례로 켠다.

THE GREEN RAY

녹색광선

Words:
George Upton

A flash of inspiration.

영감의 섬광.

에릭 로메르의 영화 「녹색 광선Le Rayon Vert」의 마지막 장면에서 젊은 여성은 방금 만난 남자와 나란히 앉아 바다 위로 지는 해를 바라본다. 해가 지평선 아래로 사라지는 순간에 잠깐이지만 뚜렷한 녹색 섬광이 나타난다. 햇빛의 마지막 순간이다. 영화의 제목이 된 녹색 광선을 목격하면 자신과 다른 사람들의 감정을 선명히 깨닫게 된다고 한다.

과학적으로 녹색 광선은 태양이 수평선에 접근할 때 지구의 대기에 의해 빛이 굴절되고 분산되는 현상이라고 설명할 수 있다. 평생 동안 찾아다녀도 겪을까 말까 한 보기 드문 현상이지만 로메르의 영화가 나오기 한 세기 전인 1882년에 쥘 베른의 「녹색 광선」이 출판되면서 대중에 널리 알려지게 되었다.

베른의 소설 속 인물들은 '진정한 녹색 희망'을 찾아 스코틀랜드로 떠난다. 로메르 역시 녹색 광선을 찾아 카나리아 제도를 여행한 적이 있다. 특정 대기 조건이 필요하지만 미국 과학진흥협회는 수평선이 훤히 보이는 곳이라면 어디에서나 녹색 광선을 관찰할 수 있다고 조언한다. 주로 바닷가지만 엠파이어스테이트 빌딩도 괜찮다.

녹색 광선이 정말로 명료한 깨달음의 순간을 가져다줄지 확인하려면 일단 그것을 볼 행운을 잡아야 할 것이다.

Photograph: Emman Montalvan

STOCKISTS:
A — Z

A	APRÈS SKI	aprèsski.es
	ARDUSSE	ardusse.com
B	BON VENT	bonvent.cat
	BOTTEGA VENETA	bottegaveneta.com
D	DRIES VAN NOTEN	driesvannoten.com
E	EDWARD CUMING	edwardcuming.com
F	FRITZ HANSEN	fritzhansen.com
G	GOOSEBERRY	gooseberryintimates.com
H	HEREU	hereustudio.com
	HERMÈS	hermès.com
	HOUSE OF FINN JUHL	finnjuhl.com
	HUGUET	huguetmallorca.com
I	IAGO OTERO	@iagootero_
K	KENZO	kenzo.com
L	LRNCE	lrnce.com
M	MARSET	marset.com
O	OMEGA	omegawatches.com
	ORIOR	oriorfurniture.com
R	RICK OWENS	rickowens.com
S	STRING	stringfurniture.com
	SYNDICAL CHAMBER	@syndicalchamber
T	TINA FREY	tinafreydesigns.com
V	VERSACE	versace.com

MY FAVORITE THING

내가 가장 아끼는 것

Words:
Diébédo Francis Kéré

Architect DIÉBÉDO FRANCIS KÉRÉ, interviewed on page 86, explains the significance of his carved stool.

86페이지에 등장하는 건축가 디베도 프랜시스 케레가 자신의 소중한 의자를 소개한다.

한 토막의 나무를 깎아 정교하게 조각한 이 조그만 의자에는 나의 순수한 어린 시절이 담겨 있다. 비사Bissa어로 '앉는 나무'라는 뜻의 이 '고gho'는 내게 품에 안겨 보살핌을 받는 느낌과 편안함을 준다. 내 어머니는 늘 이 의자에 앉아 식사 준비를 시작하거나 가족을 위해 집안일을 하셨다. 다른 가족이 화로 옆에 앉아 스튜를 젓거나 그릇을 옆에 두고 완두콩 껍질을 까거나 함께 모여 이야기 나눌 공간을 마련해야 할 때 이 의자는 이쪽저쪽 구석으로 옮겨졌다.

지금도 이 의자를 바라보거나 그 무늬를 손가락으로 만질 때마다 나는 간도로 돌아간다. 나를 마을, 가족과 이어주고 지금까지도 내가 하는 일의 자양분이 되어주는 그 기억 속으로 돌아간다. 나는 첫 가구를 디자인할 때 그 추억을 되살렸다. ZIBA는 그렇게 탄생했다. 이 의자와 ZIBA는 둘 다 내 인생의 소중한 시기를 상징한다. 디자인 과정에서 이미 지나가버린 아쉬운 순간들을 되새길 수 있어서 무척이나 뿌듯했다. 원하는 대로 자유롭게 디자인할 때마다 성인이 된 내 작품에 해맑게 뛰놀던 어린 시절이 담기곤 한다.

Photograph: Daniel Faró